U0171311

金寨县
重要革命传统建筑

洪 涛 张 飞 著

合肥工业大学出版社

一寸山河一寸血，一抔热土一抔魂。回想过去的烽火岁月，金寨人民以大无畏的牺牲精神，为中国革命事业建立了彪炳史册的功勋，我们要沿着革命前辈的足迹继续前行，把红色江山世世代代传下去。

习近平

2016年4月24日

红十一军第三十二师成立旧址

立夏节（商南县）起义旧址

赤城县六区一乡列宁小学旧址

人在
信在
完成
任务

服從
組織
嚴守
紀律

红色中心

前言
赤色邮政局是苏维埃政府交通委员会领导下的正式邮政通信机构。位于金寨县汤家汇镇徐氏祠的赤城县赤色邮政局（简称赤城县邮政局），始为1930年初建立的商城县赤色邮政局，是鄂豫皖革命根据地最早建立的赤色邮政局。
该局自成立至1932年9月，按照党组织的要求，认真履行工作职责，为苏区的党政军机关、群团组织、红军指战员和人民群众提供邮政服务，保障苏区工作的开展和红军作战需要，为鄂豫皖革命根据地建设作出了不可磨灭的贡献。
赤色邮局工作人员忠诚奉献的革命精神，熠熠生辉，永励后人！

赤城县邮政局旧址

鄂豫皖省委会议旧址（胡氏祠）

豫东南道委、道区苏维埃政府旧址

立夏节起义总指挥部旧址

序

金寨地处大别山腹地，鄂豫皖交界处，是安徽省面积最大的山区县、库区县、移民县和老区县。革命战争年代，这里先后爆发了立夏节起义（即商南起义）和六霍起义，组建了12支主力红军，是红四方面军的主要发源地、鄂豫皖革命根据地的核心区、安徽省抗战指挥中心和刘邓大军挺进大别山前线指挥部；这里有10万英雄儿女为国捐躯，走出了59位开国将军，是中国工农红军第一县、全国第二大将军县，被誉为“红军摇篮、将军故乡”。大别山28年红旗不倒，金寨县域内革命文物资源极其丰富，据不完全统计，仅现存完整的革命传统建筑即达100多处。

习近平总书记强调：“红色资源是我们党艰辛而辉煌奋斗历程的见证，是最宝贵的精神财富。”革命传统建筑作为不可再生的红色历史文化资源，见证了我们党付出的牺牲奉献、走过的光辉历程，展现了我们党的梦想和追求、情怀和担当，蕴含着丰富的革命精神和厚重的历史内涵。可以说，每一处革命传统建筑，都能让我们的精神受到洗礼、灵魂受到震撼，都是我们赓续红色血脉、传承红色基因的最好营养，都是我们重温峥嵘岁月、牢记初心使命的生动课堂。

2016年4月24日到25日，习近平总书记亲临金寨视察，指出“金寨是中国革命的重要策源地、人民军队的重要发源地”。他满怀深情地说：“一寸山河一寸血，一抔热土一抔魂……要沿着革命前辈的足迹继续前行，把红色江山世世代代传下去。”我们牢记总书记的谆谆嘱托，紧抓保护、管理、运用等关键环节，编制革命旧址文物保护规划，实施三年行动计划。2017年以来，争取和整合资金1.8亿元，实施118处革命文物维修等红色资源保护传承项目，一批年久失修，濒临倒塌、灭失的革命传统建筑重现生机，有的还被开发为党性教育现场教学点。但是，由于金寨县面积大，革命传统建筑点多面广，很多建筑地处偏远，还有待我们去挖掘和保护。

洪涛同志是安徽建筑大学的建筑与规划领域专家，长期从事文化遗产保护研究工作。2018年至2021年，他牵头组建团队，跑遍了金寨的山山水水、沟沟坎坎，对全县革命传统建筑进行深入详细的调查分析，著成了《金寨县重要革命传统建筑》一书。书中收录的革命传统建筑，共计97处，其中有国保单位7处、省保单位27处、市保单位6处、县保单位45处、未定级12处（以最高保护等级计算）。本书作为反映金寨县革命传统建筑现状的第一手资料，内容翔实，叙述严谨，图文并茂，生动直观，是一份珍贵的红色史学资料，而革命传统建筑也是正确学史用史的活教材。同时，本书从传统建筑的角度研究革命史，充实了红色研究的内容，不仅对于我们讲好党的故事、革命的故事、英雄的故事有着重要作用，而且对于拓宽红色研究领域、丰富红色文化体系建设有着积极的借鉴意义。

回顾过往征程，眺望前方征途，革命传统建筑不但要保护好，更要"活"起来。我们将以《金寨县重要革命传统建筑》一书的出版发行为契机，加大对革命传统建筑的摸底清查力度，加强保护管理，打造精品展陈，强化教育功能，资政育人、凝心聚力，为把金寨打造成重要的红色"三地"（红色教育基地、红色旅游目的地、红色旅游带动经济发展示范基地）和革命传统教育、爱国主义教育、青少年思想品德教育基地作出新的贡献，让"金寨红"更加鲜艳、更加厚重，成为推动老区高质量发展永恒的强大动力。

张　润

目录

第一部分　金寨县革命传统建筑背景研究

第二部分 金寨县重要革命传统建筑实录

第一部分

金寨县革命传统建筑背景研究

1 金寨县自然历史概况

1.1 地理位置

金寨县隶属于安徽省六安市，位于大别山腹地，为鄂豫皖三省交界处；其与周边的7县2区相连，东连安徽省裕安区、霍山县，南邻湖北省英山县、罗田县，西靠湖北省麻城市、河南省商城县，北接河南省固始县、安徽省霍邱县和叶集区；位置为东经115°22′19″～116°11′52″、北纬31°06′41″～31°48′51″之间，县域南北宽77千米、东西长78千米，与合肥、武汉等城市相距不远，县域总面积为3814平方千米。

金寨县在2018年的户籍人口已经达到68.35万人，具有丰富的旅游和人口资源，是安徽省内最大的山区县。金寨县内的交通并没有因为地处山区而闭塞，贯穿其南北的210省道和209省道与沪蓉高速公路构成的交通骨架能够快速便捷地连接其他区域。金寨县下辖12个镇、11个乡和一个开发区，各个乡镇之间公共交通十分完善，民众出行极为便利，大山已经不再是困扰金寨人民外出的障碍。

1.2 自然环境

由于地处地震带，位于大别山山脉北坡的金寨县受地壳板块运动的影响，境内形成了丘陵、河谷冲积平原、盆地与山脉并存的地貌结构，仅超过千米的山峰就有一百余座，享有“华东最后一块原始森林、植物王国、花的海洋”的美誉。金寨县平均海拔约为500米，海拔60米左右的白塔畈镇灌集村是金寨县的最低处。得天独厚的地理条件、丰富的物产资源和高覆盖率的广袤森林，造就了金寨县攻防兼备、极易隐藏的地理优势，为开辟革命根据地创造了条件。受到亚热带湿润季风气候的影响，金寨县四季分明、雨量充沛。由于年平均气温保持在10℃上下，梅山镇被看作是全县的四季划分点。

西淠河与史河是金寨县境内的两条主要水系。发源于三省垴与天堂寨的淠河由东向西注入响洪甸水库，其在金寨县境内的长度大约为61千米，有31千米可通航，主要支流有7条，流域面积达1431平方千米。淮河支流之一的史河发源于三省垴与棋盘石山脉，又名决水，主要支流有11条，金寨县境内的河长为102千米，流域面积为2368平方千米。其他成体系的河流还有汲水水系泉河与白塔河。响洪甸水库与梅山水库是金寨县两大水库，金寨县梅山老城区就位于梅山水库大坝下游，风景秀丽、居住适宜。得益于境内丰富的水资源储量，金寨县人均水资源占有量是全国人均水平的1.45倍。除了丰富的水资源，金寨县还有丰富的植物资源，是省内药材的重要产地之一。覆盖率高达75%以上的森林也孕育了品种繁多的动物资源。同时，境内特殊的地质环境给金寨县带来了丰富的矿产资源。除这些以外，金寨县还拥有天堂寨、天水涧漂流、红军广场、燕子河大峡谷等风景名胜区，优美的自然环境和灿烂的红色文化使得金寨县的旅游业十分活跃。

1.3 人文历史

1.3.1 县域发展

金寨地区人类活动的足迹可以追溯到几千年前。这里曾是上古时期皋陶的封地，夏、商、周等朝代成为英、六之地，秦以后设置郡县，直至清朝其隶属多有变化。清康熙年间隶属安徽、河南，到民国初期则隶属于安徽省的安庆道、淮泗道及河南省的豫南道等。1932年10月，国民政府在金家寨设置新县，新的行政范围主要是由六安、霍邱、霍山、固始、商城5县边区的55个保组合而成。1947年9月，刘邓大军挺进大别山后，建立了民主政权，改其名为金寨县。新中国成立后，金寨县隶属六安专区，在1971年则属于六安地区，2000年隶属地级六安市。

1.3.2 建筑文化

明清时期，两湖地区的移民迁入金寨，其移民文化影响了金寨地区的风俗文化和传统建筑的发展。张国雄在研究了大量的史志、家谱等资料的基础上，于《明清时期的两湖移民》一书中系统分析和阐述了明清时期湖南、湖北地区人口迁移给金寨风俗文化、传统建筑带来的多种影响[①]。李晓峰、谭刚毅在《两湖民居》一书中研究了湖南、湖北地区的移民史，认为由长江流域迁往金寨的明清时期的移民在定居金寨后，对金寨的风俗和民居产生了深远的影响[②]。

民居建筑和宗祠家庙之所以得到了迅猛的发展，是因为传入了外来建筑文化和祠堂文化，而新的工艺、新的装饰和新的建筑布局带来的是与以往不同的居住和祭祀建筑，其规模越来越宏大、功能越来越多样：宗祠家庙成了当地族人议事和祭祀先祖的主要场所，形成了具有地方特色的、受当地居民尊崇的高等级建筑群；普通民居在规模和布局上产生了新的变化，展现出多进院和偏院相结合的家族聚居新特征，同时突出了轴线和等级，由此逐渐发展成了具有金寨县地域特色的建筑。革命时期，金寨地区的众多祠堂与民居成为中共苏维埃政府的机关驻地与军队驻扎场所，是进行革命活动的前沿阵地，留存的革命信息反映出当时革命活动的波澜壮阔。

新中国成立以后，祠堂和古民居大多延续原本的祭祀、教育、医疗和居住等功能，如曾作为中共苏维埃政府驻地的汤家汇镇金刚台村的余氏祠成为当地小学办学的场所。尽管这些革命传统建筑饱经风霜，甚至遭受了一定程度的破坏，但是其中的大多数还有留存，经过家族后人的精心维护，这些熠熠生辉的革命传统建筑继续传承着革命精神，同时也成为家族团结的象征。

1.3.3 红色文化

金寨县是全国第二大将军县，被授予少将及以上军衔的老红军共有59位。刘伯承、邓小平、李先念、徐向前等都曾在境内指挥过战斗，董必武、沈泽民、叶挺、蒋光慈等众多革命领导人、无产阶级革命家都在

① 张国雄．明清时期的两湖移民［M］．西安：陕西人民教育出版社，1995.

② 李晓峰，谭刚毅．两湖民居［M］．北京：中国建筑工业出版社，2009.

这里参加过革命活动。金寨县先后有10万英雄儿女为革命捐躯。

金寨县有着丰富且伟大的革命历史，承载着独特的红色文化内涵，是鄂豫皖边区最早建立革命政权、传播马克思主义的地区之一。在这片红色土地上发生了众多革命历史事件，留下了无数革命人物的足迹。1920年，徐守西等在金寨传播进步思想，组织教师和进步人士学习马克思主义；1924年，陈绍禹组织起由旅外学生为主体的“豫皖青年学会”，马克思主义得以在青年中进行广泛传播；同年秋，中共在笔架山成立党小组，后扩大为中共笔架山农校支部，至此金寨县内的第一个党组织正式成立。此后，金寨县境内的农民运动开始活跃起来，特别是随着边区的建立和巩固，大批党政机关与军事机构逐渐入驻下来，金寨县也成为鄂豫皖地区开展革命斗争活动的主要根据地之一。

金寨县是著名的“立夏节（商南县）起义”和“六霍起义”策源地，是中国工农红军第十一军三十二师、三十三师的创建地，也是红二十五军、红二十八军驻地和刘邓大军驻地。鄂豫皖省委会议、豹迹岩会议、工农兵代表大会、党委联席会议等都在金寨县召开，鄂豫皖边区的革命政权得到巩固，直接促进了边区革命运动的发展，深刻影响了我国的革命历史进程。

丰富的革命活动留下了大量的革命活动旧址，其中最著名的是汤家汇镇保存的安徽省最完整的苏维埃旧址群，包括党政机关建筑、教育娱乐场所、医院建筑、战斗地和烈士陵园等。

1.3.4 民间艺术

清末民初时期，金寨县境内的戏曲活动活跃，不乏京剧、皮影戏等乡间演出，比较出名的有《黄花天子坐古城》《五女征南》等剧目。革命战争期间，金寨县境内上演了《放下你的鞭子》《八百壮士》《雷雨》《精忠报国》等优秀经典剧目。特别是立夏节起义后，由罗银青依据民歌“八段锦”的曲调创作的著名红色歌曲《八月桂花遍地开》响遍金寨，随后在其他革命根据地广为流传，经久不衰。此外，金寨县传统的花灯舞蹈也各式各样，深受当地群众的喜爱，如《葡萄仙子》《土风舞》等。这些艺术作品既宣传了革命工作，又丰富了军民的日常生活。

2 金寨县革命传统建筑留存现状

2.1 数量与分布

经调查，金寨县目前留存的革命传统建筑约有150多处，主要包括名人故居旧居、会议建筑、党政机关建筑、军事建筑、医院建筑、教育建筑、服务性建筑以及其他附属性建筑，保护等级有国保单位、省保单位、市保单位、县保单位以及未定级建筑；分布范围涉及金寨县的众多乡镇，包括金寨县县城中心以及大别山区内部的乡镇中心、村中心、偏远村落，其中以汤家汇镇革命传统建筑居多，该镇保存了我省最完整的苏维埃旧址群；环境跨度包括中山、低山、丘陵、平原地貌。由于革命传统建筑分布广泛，所处的环境各不相同，所以每个革命传统建筑的留存状况都有所差别：有些保存完整，基本没有受到大的损坏；有的经过及时的修缮保护，现状也得到了很好的改善；有的由于缺乏相应的保护措施，保存状况不佳；有些由于历史、环境、人为等各方面因素的影响，建筑本体已经受到了很大程度的损坏，甚至消失。笔者接下来就实地调研的资料对金寨县重要革命传统建筑的数量和分布状况进行统计，并形成本书收录的金寨县重要革命传统建筑统计一览表（表2-1）。

表2-1 本书收录的金寨县重要革命传统建筑统计一览表

（作者根据文献资料、调研整理）

序号	所在地	名　称	文保等级
1	梅山镇城区	红二十五军军政机构旧址	县保
2	白塔畈镇光慈村	蒋光慈故居	—
3	双河镇河西村	洪学智故居	—

序号	所在地	名　称	文保等级
4	双河镇双河大庙	商城县二区苏维埃政府、二区模范学校旧址	县保
5	全军乡熊家河村陈下楼	中共皖西北道委、保卫局旧址	—
6	花石乡花石村王氏祠	六安六区七乡苏维埃政府及六区独立团旧址	县保
7	花石乡花石村汪家老屋	中共鄂豫皖区委员会旧址	省保
8	花石乡大湾村汪家祖宅	六安六区十四乡苏维埃政府旧址	县保
9	汤家汇镇斗林村	红十一军第三十二师被服厂旧址	县保
10	汤家汇镇瓦屋基村	刘邓大军二纵野战医院旧址	县保
11	汤家汇镇瓦屋基村	刘邓大军伤病员驻地旧址	县保
12	汤家汇镇胡家老湾胡家老祠	红二十五军驻地旧址	县保
13	汤家汇镇姚氏祠	赤城县苏维埃政府政治保卫分局旧址	省保
14	汤家汇镇徐氏祠	赤城县邮政局旧址	国保
15	汤家汇镇廖氏太守祠	赤南县苏维埃政府旧址	省保
16	汤家汇镇石氏祠	红军武器修配站旧址	县保
17	汤家汇镇文昌宫	商城县游击队成立及洪学智将军参军地旧址	市保
18	汤家汇镇廖氏三柏祠	商城县总工会旧址	省保
19	汤家汇镇易氏祠	少共豫东南道委、少共赤南县委、红军医院旧址	省保
20	汤家汇镇接善寺	豫东南道委、道区苏维埃政府旧址	国保
21	汤家汇镇钟氏祠	中共赤城县委、县总工会旧址	县保
22	汤家汇镇何氏祠	中共商城县委旧址	省保
23	汤家汇镇瓦屋基村列宁小学	赤城县六区一乡列宁小学旧址	国保、省保
24	汤家汇镇瓦屋基村佛山程氏祠	赤南县红军独立团团部旧址	县保

序号	所在地	名　称	文保等级
25	汤家汇镇瓦屋基村铜佛寺	红二十八军、刘邓大军驻地旧址（一）	县保
26	汤家汇镇瓦屋基村李氏宗祠	红二十八军、刘邓大军驻地旧址（二）	—
27	汤家汇镇瓦屋基村李老湾古民居	红二十八军、刘邓大军驻地旧址（三）	—
28	汤家汇镇瓦屋基村晏家老湾	红一军独立旅驻地旧址	县保
29	汤家汇镇金刚台村余氏祠	商城县一区六乡苏维埃政府旧址	县保
30	汤家汇镇瓦屋基村余氏祠	三年游击战争时期红二十八军驻地旧址	县保
31	汤家汇镇泗道河村舒氏祠	赤南县一区六乡苏维埃政府旧址	县保
32	汤家汇镇泗道河村吴中湾古民居	刘邓大军泗河驻地旧址	—
33	汤家汇镇泗道河村方冲组曹氏祠	刘邓大军野战医院旧址	省保
34	汤家汇镇笔架山村薛家山大庙（雪山大庙）	赤南县赤卫队队部旧址	县保
35	汤家汇镇笔架山村王氏祠	赤南县六区苏维埃政府旧址	省保
36	汤家汇镇笔架山村笔架山大庙	金寨县早期党组织诞生地旧址	—
37	汤家汇镇银山畈村彭冲组彭氏祠	赤南县五区四乡苏维埃政府旧址	县保
38	汤家汇镇银山畈村陈氏祠	中共赤南县委、县苏维埃政府旧址	县保
39	汤家汇镇上畈村朱老湾古民居	赤南县五区战斗营驻地旧址	—
40	汤家汇镇竹畈村张氏祠	赤南县一区十二乡苏维埃政府旧址	县保
41	汤家汇镇豹迹岩村胡家小湾胡氏祠	鄂豫皖省委会议旧址	国保
42	汤家汇镇金刚台村古民居	中共商南县委成立地旧址	—
43	汤家汇镇豹迹岩村黄氏祠	红二十八军八十二师驻地旧址	—
44	汤家汇镇豹迹岩村廖氏老屋	红军医院住院部旧址	县保
45	汤家汇镇豹迹岩村邓氏祠	豫东南红军第二医院旧址	省保

序号	所在地	名　称	文保等级
46	汤家汇镇斗林村李家老湾古民居	红军村旧址	省保、市保
47	汤家汇镇斗林村刘氏祠	刘邓大军后方医院旧址	省保
48	燕子河镇闻家店村	霍山县六区苏维埃政府旧址	省保、市保
49	燕子河镇闻家店村东岳庙	六安中心县委、六英霍暴动总指挥部旧址	省保
50	燕子河镇	五星县苏维埃政府旧址	省保
51	燕子河镇闻家店村	红四方面军战略储备仓库旧址	县保
52	燕子河镇麒麟河村黄家老屋	霍山县六区七乡苏维埃政府旧址	县保
53	关庙乡大埠口三义祠	鄂豫皖省委会议旧址	市保
54	关庙乡胭脂村东岳庙	商城县三区四乡苏维埃政府旧址	县保
55	天堂寨镇前畈村	金东县政府旧址	市保
56	南溪镇汪冲村汪氏祠	商城县二区苏维埃政府旧址	县保
57	南溪镇麻河村张氏祠	商城县二区四乡苏维埃政府旧址	县保
58	南溪镇三道河廖氏祠	商城县二区十一乡苏维埃政府旧址	县保
59	南溪镇王畈村吴氏祠	红日印刷厂旧址	省保、市保
60	南溪镇吕家大院	红二十八军重建旧址	省保
61	南溪镇林氏祠	红二十八军医院、明强小学旧址	省保、市保
62	南溪镇蔡氏祠	洪学智将军早期革命活动地旧址	市保
63	南溪镇丁家埠大王庙	立夏节（商南县）起义旧址	国保
64	南溪镇江家山闵家老屋	红三十二师红军总医院旧址	县保
65	斑竹园镇漆店村徐王庙	赤南县三区三乡苏维埃政府旧址	县保
66	斑竹园镇	漆海峰故居	县保

序号	所在地	名　称	文保等级
67	斑竹园镇李集村文昌阁	立夏节武装暴动、中共赤南县苏维埃政府列宁小学旧址	县保
68	斑竹园镇朱氏祠	红十一军三十二师成立旧址	国保
69	斑竹园镇金山村倒马河刘氏祠	赤南县三区一乡列宁小学、儿童乐园旧址	县保
70	斑竹园镇走马坪漆氏祠	商城县农民协会、红军医院旧址	省保、市保
71	斑竹园镇长岭关村罗氏宗祠	泰山集农民协会旧址	省保
72	斑竹园镇小河村王氏祠	鄂豫皖边区党组织联席会议旧址	省保、市保
73	斑竹园镇斑竹园村柏梁宫	党务训练班旧址	省保
74	斑竹园镇桥口村中和祠	红军学兵团旧址	县保
75	斑竹园镇沙堰村	刘邓大军挺进大别山、刘伯承驻地旧址	县保
76	油坊店乡东莲村白佛寺	六安六区十三乡苏维埃政府旧址	—
77	古碑镇陈冲村葛家楼	六安六区五乡五村苏维埃政府旧址	省保、市保
78	古碑镇袁氏宗祠	六安六区苏维埃政府旧址	县保
79	古碑镇关帝庙	六县联席会议旧址	省保
80	古碑镇南畈村陈家畈陈家老屋	红十一军三十三师师部旧址	县保
81	古碑镇南畈村桂氏祠	六安六区六乡苏维埃政府旧址	省保、县保
82	古碑镇林氏祠	六安六区五乡苏维埃政府旧址	县保
83	古碑镇黄集村黄氏祠	六安六区五乡列宁小学旧址	省保、县保
84	古碑镇司马村楼房组何氏宗祠	古南乡民主政府驻地旧址	市保
85	沙河乡楼房村周氏宗祠	刘邓大军前线指挥部警卫团驻地旧址	市保

序号	所在地	名　称	文保等级
86	沙河乡楼房村周氏老宅	邓小平、李先念等领导同志视察工作旧址	省保
87	沙河乡楼房村七进古民居	刘邓大军驻地旧址	—
88	沙河乡楼房村	周维炯旧居	县保
89	吴家店镇太平山村穿石庙	立夏节起义总指挥部旧址	国保
90	吴家店镇长源村罗氏宗祠	商城县三区十三乡苏维埃政府旧址	县保
91	吴家店镇长源村	革命先驱罗洁故居	省保
92	吴家店镇包畈村张氏祠	立夏节起义包畈暴动旧址	县保
93	吴家店镇光明村吴氏祠	商城县三区苏维埃游击队活动地旧址	县保
94	吴家店镇光明村吴氏祠	红二十七军包家畈战斗指挥部旧址	县保
95	吴家店镇高塘徐家大院	刘邓大军挺进大别山某部驻地旧址	县保
96	槐树湾乡响山寺村	李开文故居	县保
97	槐树湾乡兴田村	康烈功将军故居	县保

2.2　留存现状与问题剖析

2.2.1　留存状况

依据对金寨县革命传统建筑的实地调研和资料总结，笔者将金寨县现存97处重要革命传统建筑的留存状况分为留存完好、留存较好、留存一般、留存较差、留存极差5个等级。

留存完好：建筑及其环境延续原有完整状态，或经过修缮恢复了原有的完整状况。

留存较好：建筑及其环境较原有形态略有改变，绝大部分建筑及其环境保持了原有形态，或经过修缮基本恢复了原有形态。

留存一般：建筑及其环境较原有形态有一定程度的改变。

留存较差：大部分建筑及其环境改变了原有形态，但原有的建筑布局仍能辨别。

留存极差：建筑及其环境受到了严重损坏，或已经改建为其他建筑，原有的建筑及其环境难辨。

根据以上5个划分革命传统建筑留存等级的标准，笔者对金寨县重要革命传统建筑的留存状况进行了统计（统计时间截至2021年7月），见表2-2所列。

表2-2 金寨县重要革命传统建筑保存状况统计表

保存状况	建筑数量	占比（%）
留存完好	34	35.05
留存较好	28	28.87
留存一般	22	22.68
留存较差	8	8.25
留存极差	5	5.15
合计	97	100

2.2.2 问题剖析

（1）整体性问题

笔者在实地调查中发现，金寨县革命传统建筑目前面临的整体性问题，主要体现在闲置荒废、改扩建、损毁严重三个方面，这些都是革命传统建筑在后期保护与发展中不可避免的、需要着力解决的问题。

（2）细节性问题

笔者在实地调查中发现，金寨县重要革命传统建筑在建筑细节上也存在诸多问题，主要体现在屋面、构架、墙体、门窗、装饰、地面、庭院、景观八个方面。出现这些问题的主要原因，在于年久失修、修缮过度、缺乏维护等方面。

2.2.3 原因剖析

金寨县重要革命传统建筑出现上述问题的原因可分为自然因素和人为

因素两个方面。

自然因素主要是指革命传统建筑所处的环境发生了变化，或者建筑本身受到自然环境的影响出现了不同程度的腐朽变形等；人为因素主要包括拆除扩建、过度修缮、管理疏忽三个方面，其中拆除扩建对于单个革命传统建筑的损坏最大，过度修缮使得许多建筑的原真性丧失，管理疏忽即对于建筑的保存不力。

3 金寨县革命传统建筑类型划分

3.1 按建筑历史用途划分

3.1.1 祠堂

金寨县革命传统建筑中很大一部分是早期的祠堂。祠堂是家族议事、祭祀的重要场所，建筑的等级在村落中一般都处于最高地位。之所以选择祠堂作为革命活动的重要场所，是因为：一方面，祠堂作为家族活动的中心场所，具有提高村民凝聚力、向心力的重要作用；另一方面，祠堂所具有的宽敞而有秩序的空间满足了绝大多数革命活动的需求，其绝佳的选址和高识别度也有利于革命信息的接收与传达。

3.1.2 民居

在革命战争时期，人民军队与当地居民水乳交融，推动了革命活动的顺利开展。在这个时期，很多民居也被用作革命活动场所。金寨县古民居有独栋民居和聚居民居两种形式。在建筑风格上，通常由一条主轴空间布置门房、庭院、正房等，围绕主轴空间两侧布置偏房，建筑秩序井然。古民居大多处在大别山深处，选址较为考究，一般为背山面水的空间格局，建筑前方视野较为开阔，并且与周围环境的契合度很高，有利于革命活动的进行。

3.1.3 庙宇

金寨县的庙宇类建筑一般处在地势较高的位置，具有较好的视野和防御性能，适于进行革命活动。庙宇类建筑的等级较高，空间的秩序、连续性较好。例如，豫东南道委、道区苏维埃政府旧址（汤家汇镇接善寺）位于汤家汇镇红军街南端的高地上，具有良好的视野，不管是观察敌情还是进行防御都是绝佳的位置。

3.2 按建筑使用性质划分

金寨县革命传统建筑类型众多，笔者依据调研结果以及《革命旧址保护利用导则（2019）》对于革命活动旧址的划分，将金寨县革命传统建筑按其使用性质划分为机构旧址、会议旧址和与人物相关的建筑。

在这三大类型的基础上，又可详细分为以下几种类型（图3-1）。

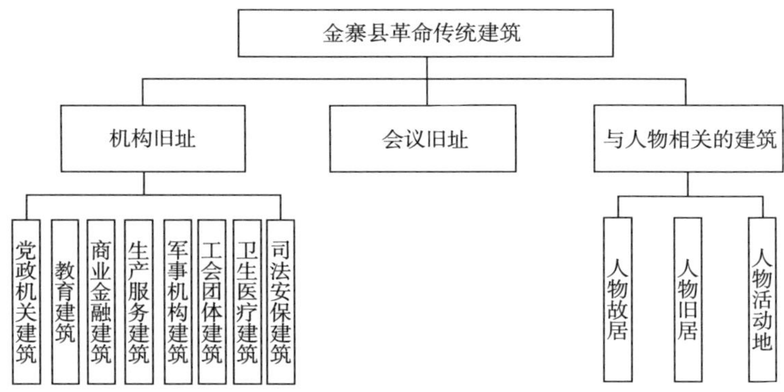

图3-1　金寨县革命传统建筑按使用性质划分类型

3.2.1　机构旧址

机构旧址包括党政机关、军事、教育、医疗、司法等机构旧址，范围涉及党、政、军、医、学、工、法等各个部门。这类建筑在金寨县目前的留存数量最多，通过这些建筑，人们可以看到革命战争时期各个机构的运作机制及相互之间的联系。

3.2.2　会议旧址

金寨县作为鄂豫皖革命根据地的重要组成部分，很多重要会议都曾在此地召开，如著名的鄂豫皖省委会议、穿石庙会议、六县联席会议等，这些会议作出的重要指示推动了大别山区革命活动的顺利开展。

3.2.3 与人物相关的建筑

金寨县在革命战争时期涌现了很多无产阶级革命家、军事家和学者，他们将先进的革命思想带到了金寨，又将大别山的革命事迹传遍全国，他们的故居、旧居、活动地也成了红色文化不可或缺的一部分。

3.3 按建筑空间布局划分

依据实地调研的结果，金寨县革命传统建筑的空间布局可分为独栋建筑、一进两重院、两进三重院、多进院、组合院五种形式，笔者除了对这五种建筑空间布局做详细的阐述外，还将这些重要革命传统建筑的图纸信息进行了汇总（图3-7）。

3.3.1 独栋建筑

独栋建筑在金寨县革命传统建筑中多见于名人故居、旧居，建筑正房一般为三开间，附带一座偏房、一处庭院。例如，洪学智故居的正房为一座三开间茅草屋，东侧为一间厨房，西侧为一处作坊棚屋，门前由篱笆庭院围合，整个布局简单紧凑（图3-2）。

图3-2 洪学智故居

3.3.2 一进两重院

一进两重院的主要空间秩序依次为门房、庭院、正房，门房与正房由围墙连接，部分围墙旁伴有连廊，有些建筑围墙开有门洞，左右各有一处厢房。一进两重院的革命传统建筑整体布局方正，空间紧凑，秩序井然。

赤城县邮政局旧址就是一座典型的一进两重院落，整个建筑规模虽然不大，但是保存的完整度和空间的连续性都较高（图3-3）。

图3-3　赤城县邮政局旧址

3.3.3　两进三重院

两进三重院的主轴空间秩序依次为门房（前殿）、一进院、堂屋（中殿）、二进院、正房（后殿），有些建筑在主轴两侧还设有偏院和偏房。门房（前殿）多作为建筑对外的功能房间，堂屋（中殿）作为起居或者会客议事的场所，正房（后殿）作为长辈居住的场所或者祭祀空间，偏房作为生活用房或者储藏室等。红二十八军医院旧址、明强小学旧址就是一座典型的两进三重院建筑，建筑主轴空间秩序明显，偏院和偏房联系紧凑（图3-4）。

图3-4　红二十八军医院旧址、明强小学旧址

3.3.4　多进院

多进院可由单个院落叠加而成，主轴空间纵向延伸，空间秩序一般为

门房（前殿）、一进院、一堂屋（二殿）、二进院、二堂屋（三殿）、正房（后殿）。多进院一般为等级较高、规模较大的庙宇、祠堂、民居，在空间上延伸出了多个横向院落，前后建筑由连廊连接。革命先驱罗洁故居为一处典型的多进院建筑，整个建筑方正规整，内部空间既连续又深邃（图3-5）。

图3-5 革命先驱罗洁故居

3.3.5 组合院

组合院落可以说是前面几种建筑空间布局形式的组合与延伸，除了纵向主轴空间以外，还叠加多个次要横向轴线，由连廊连接或者多个独立院落拼接构成，空间层次丰富多变，环境适应性强。六安六区十四乡苏维埃政府旧址为一处组合院落，主轴空间为两进的祠堂，围绕祠堂横向展开住宅空间，形成了两个次要轴线，并由连廊连接。整个建筑背山面水，规模较大，与周围环境相处融洽（图3-6）。

图3-6 六安六区十四乡苏维埃政府旧址

图3-7　金寨县重要革命传统建筑图纸信息统计图（部分）

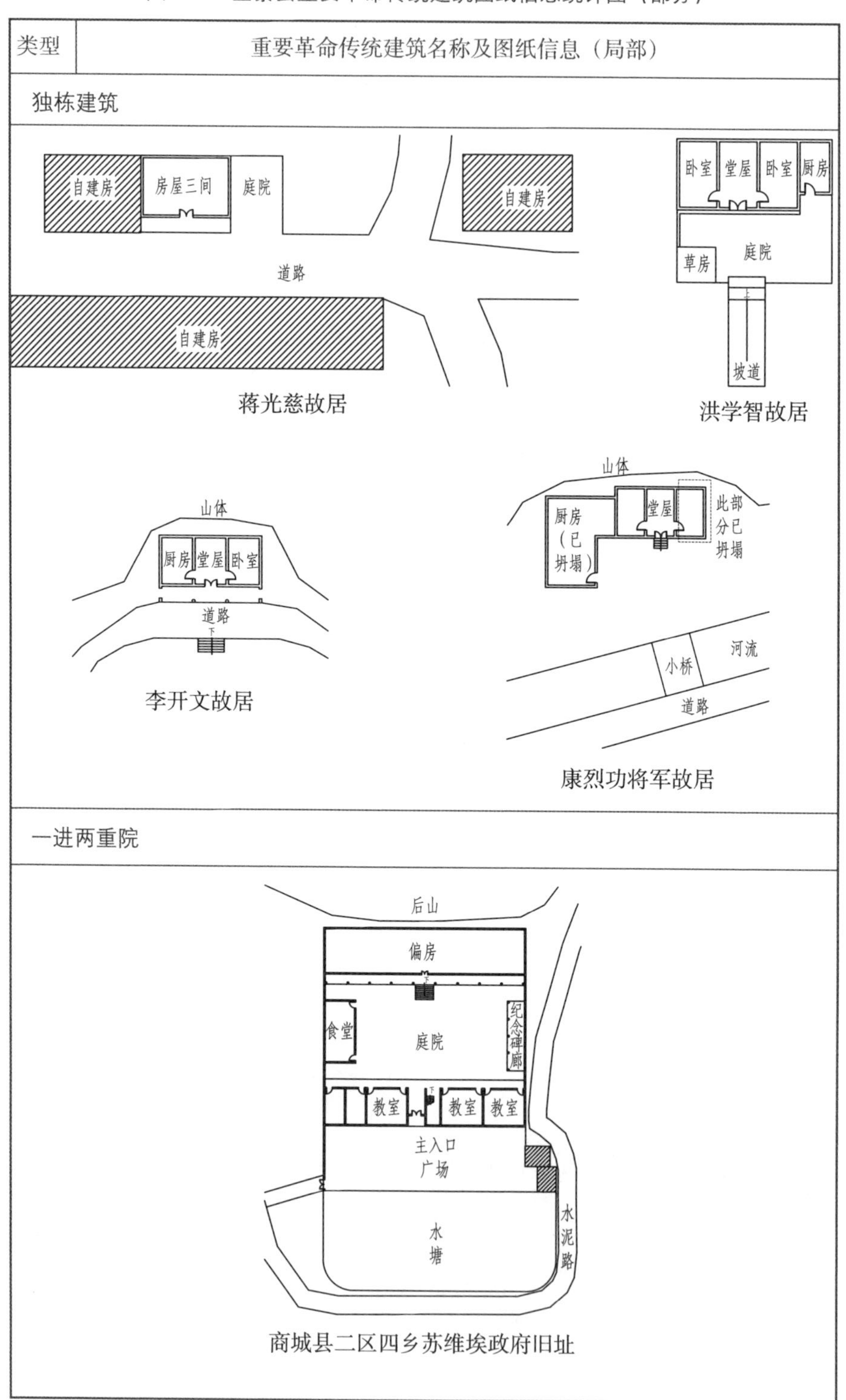

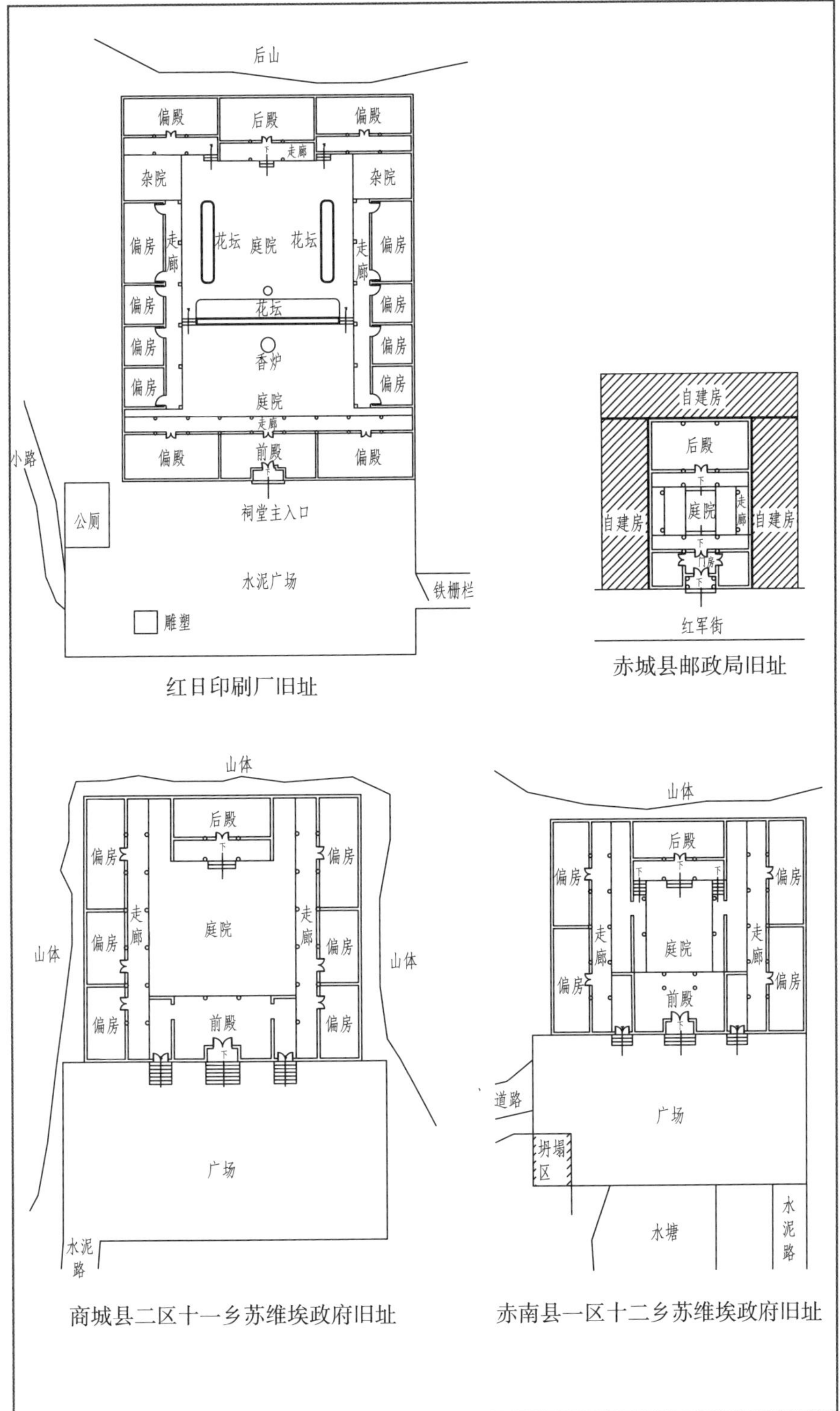

红日印刷厂旧址

赤城县邮政局旧址

商城县二区十一乡苏维埃政府旧址

赤南县一区十二乡苏维埃政府旧址

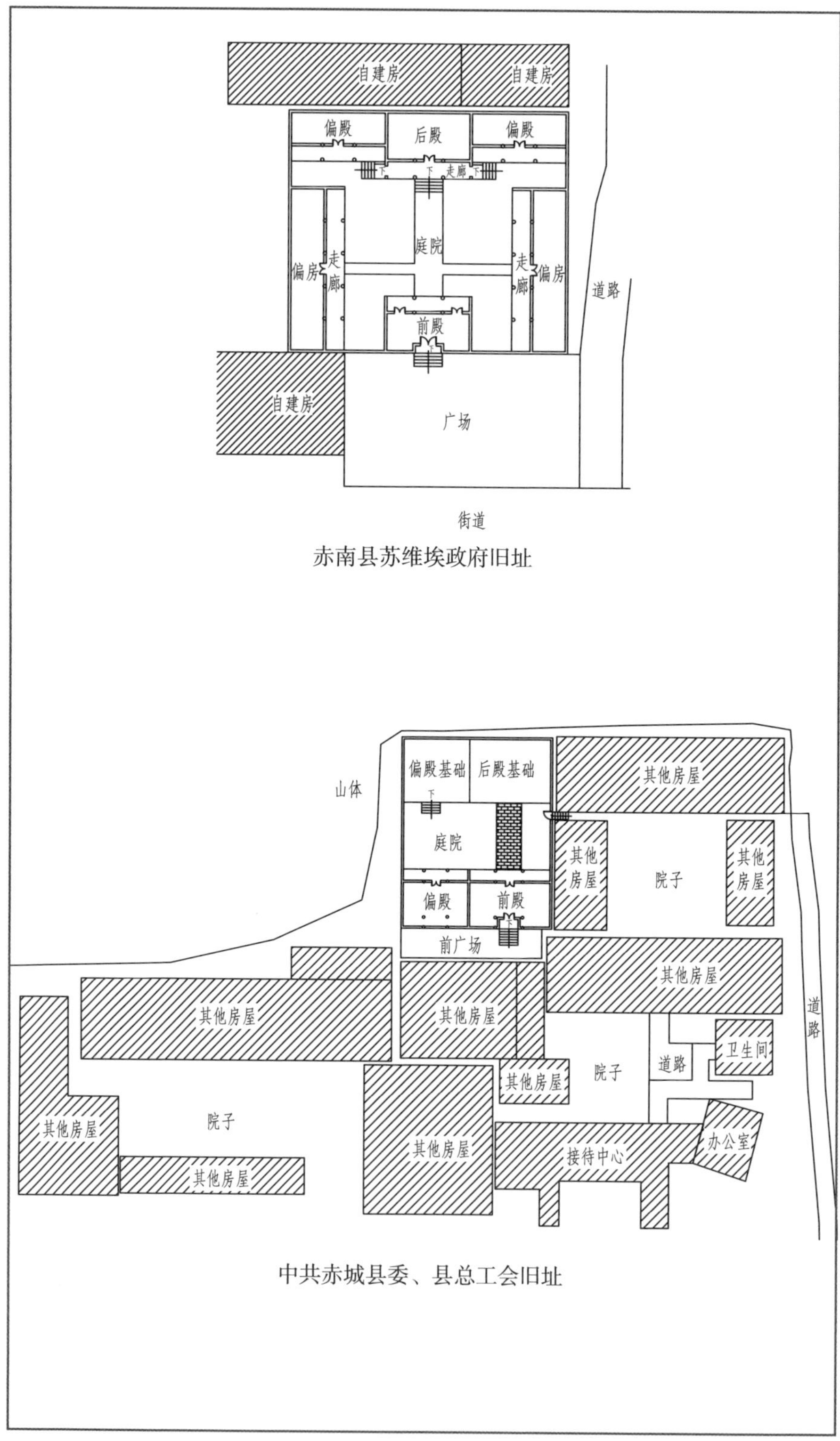

赤南县苏维埃政府旧址

中共赤城县委、县总工会旧址

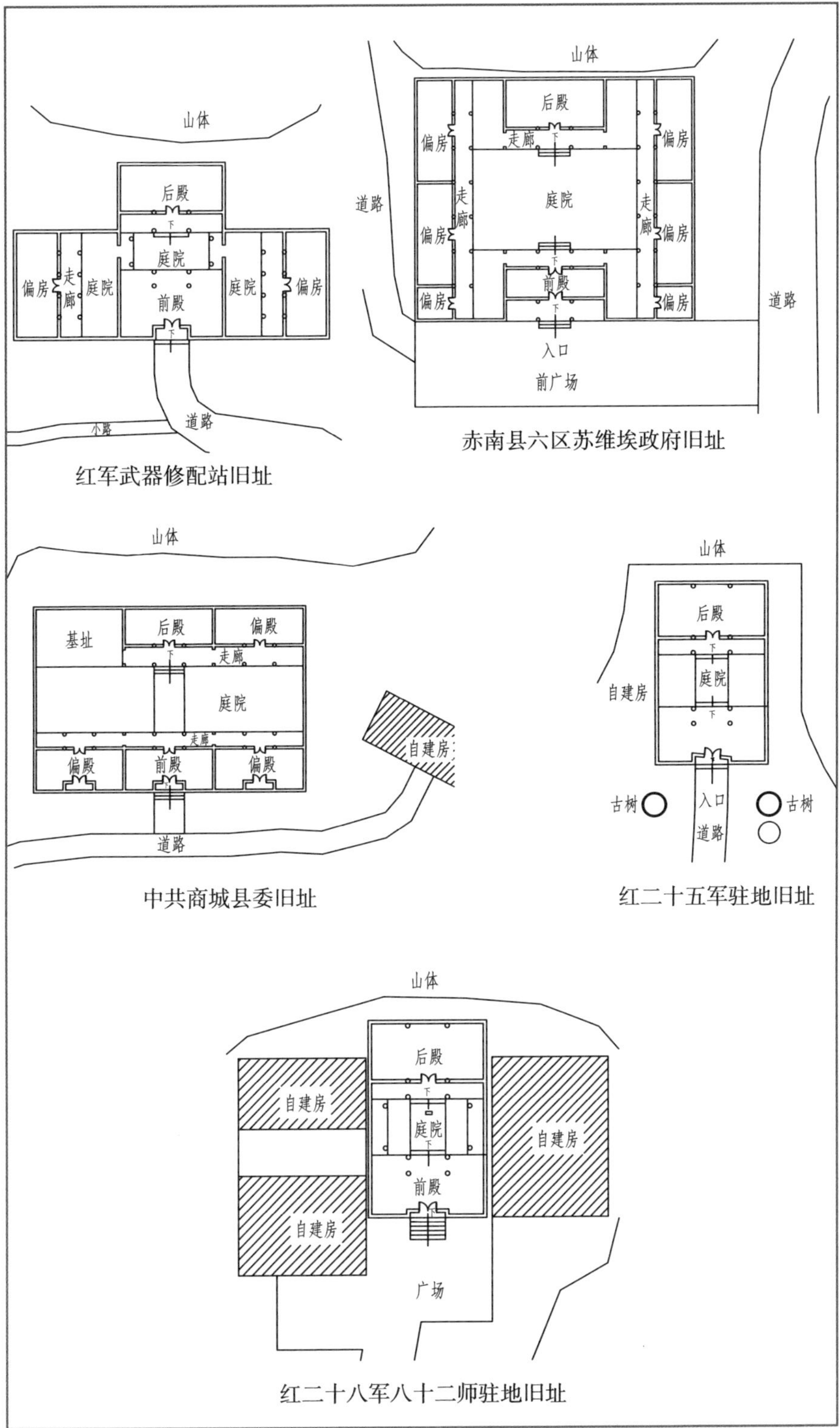
山体
后殿
庭院
偏房
走廊
庭院
前殿
庭院
偏房
道路
小路
红军武器修配站旧址
山体
后殿
偏房
走廊
偏房
走廊
庭院
偏房
偏房
前殿
偏房
偏房
道路
入口
前广场
道路
赤南县六区苏维埃政府旧址
山体
基址
后殿
偏殿
走廊
庭院
走廊
偏殿
前殿
偏殿
自建房
道路
中共商城县委旧址
山体
后殿
庭院
自建房
古树
入口
古树
道路
红二十五军驻地旧址
山体
后殿
自建房
庭院
自建房
前殿
自建房
广场
红二十八军八十二师驻地旧址

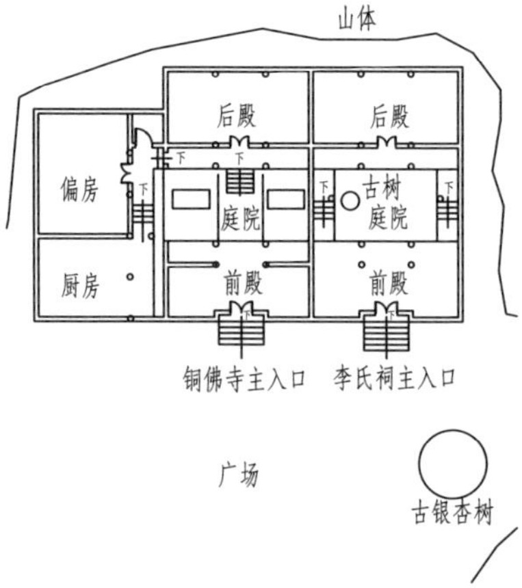

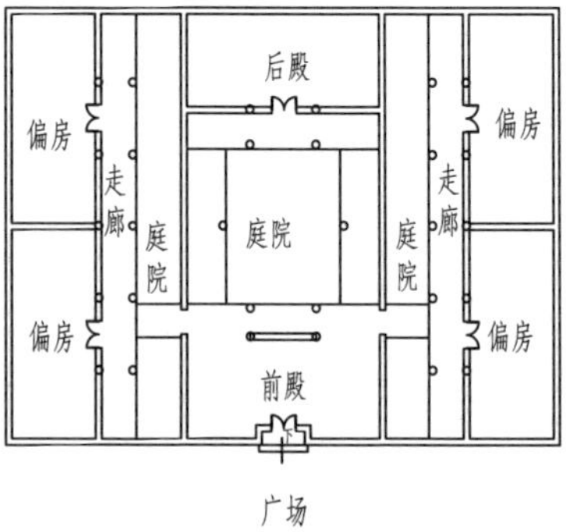

红二十八军、刘邓大军驻地旧址（一）（二）

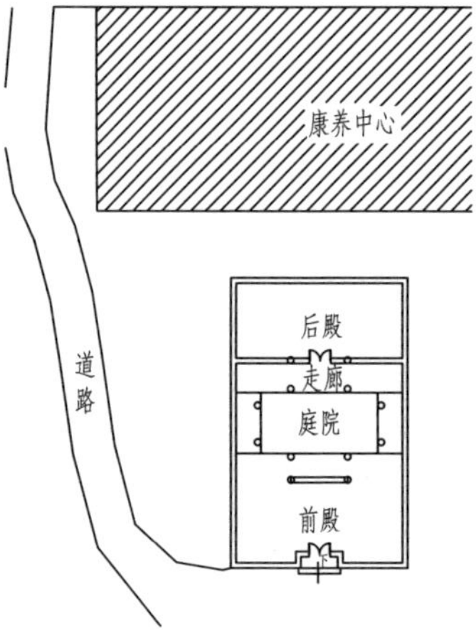

赤南县红军独立团团部旧址

商城县游击队成立及洪学智将军参军地旧址

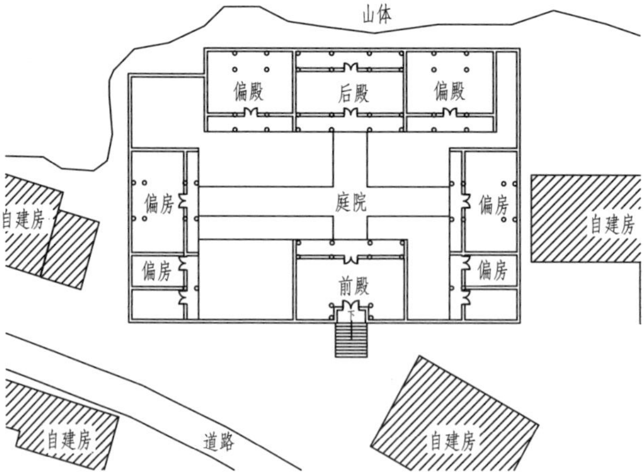

赤南县五区四乡苏维埃政府旧址

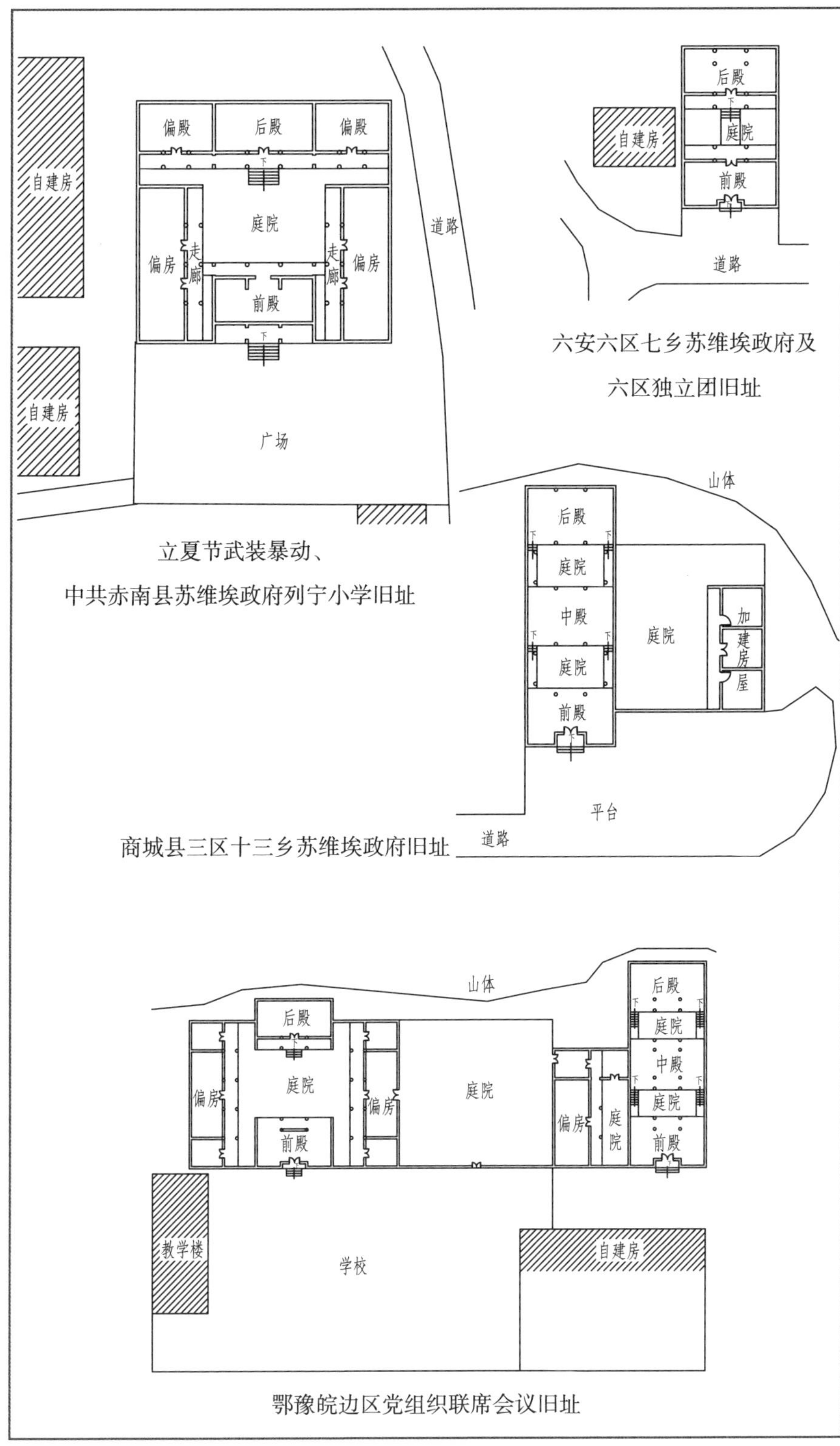

立夏节武装暴动、
中共赤南县苏维埃政府列宁小学旧址

六安六区七乡苏维埃政府及
六区独立团旧址

商城县三区十三乡苏维埃政府旧址

鄂豫皖边区党组织联席会议旧址

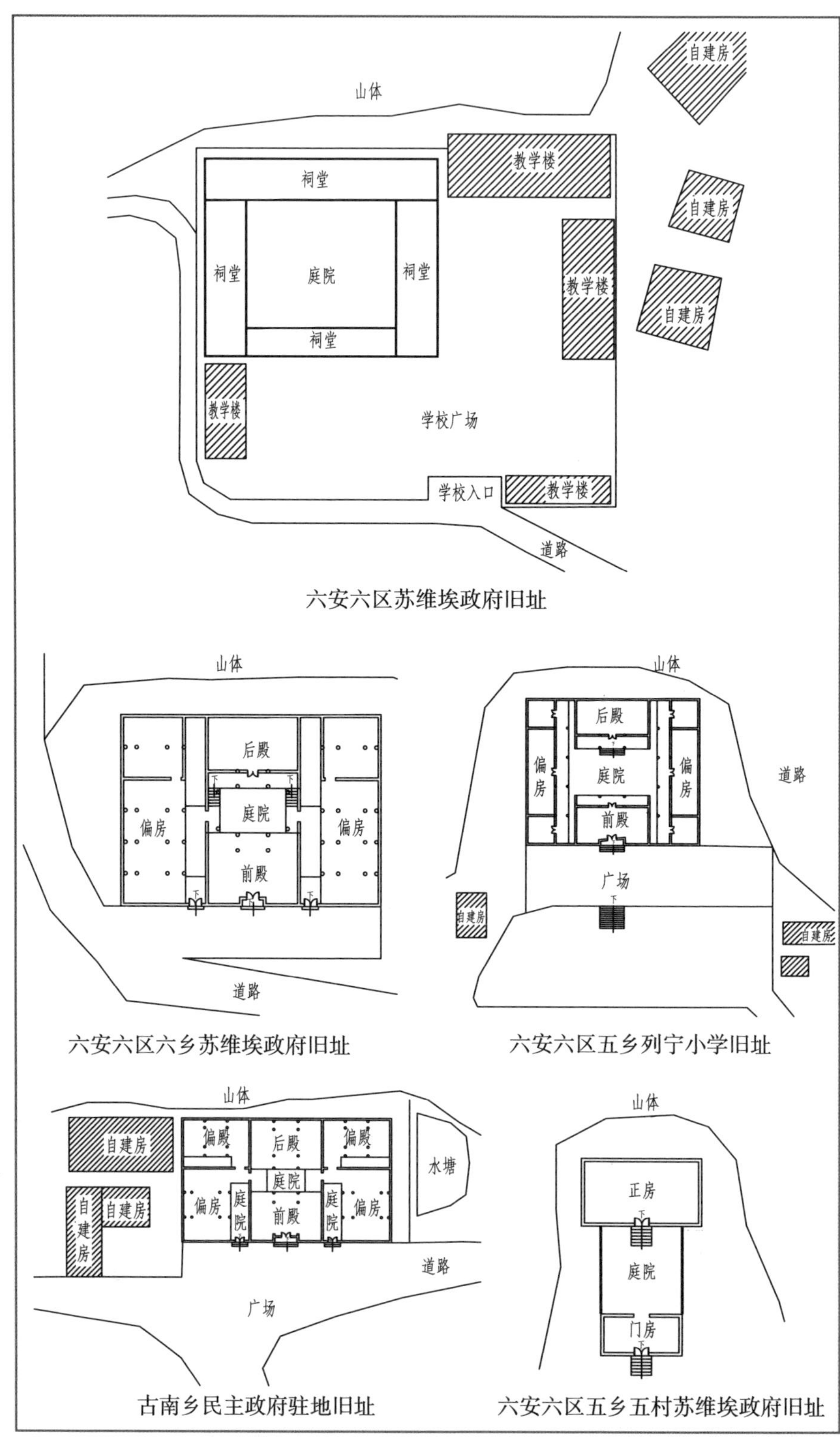

六安六区苏维埃政府旧址

六安六区六乡苏维埃政府旧址

六安六区五乡列宁小学旧址

古南乡民主政府驻地旧址

六安六区五乡五村苏维埃政府旧址

两进三重院

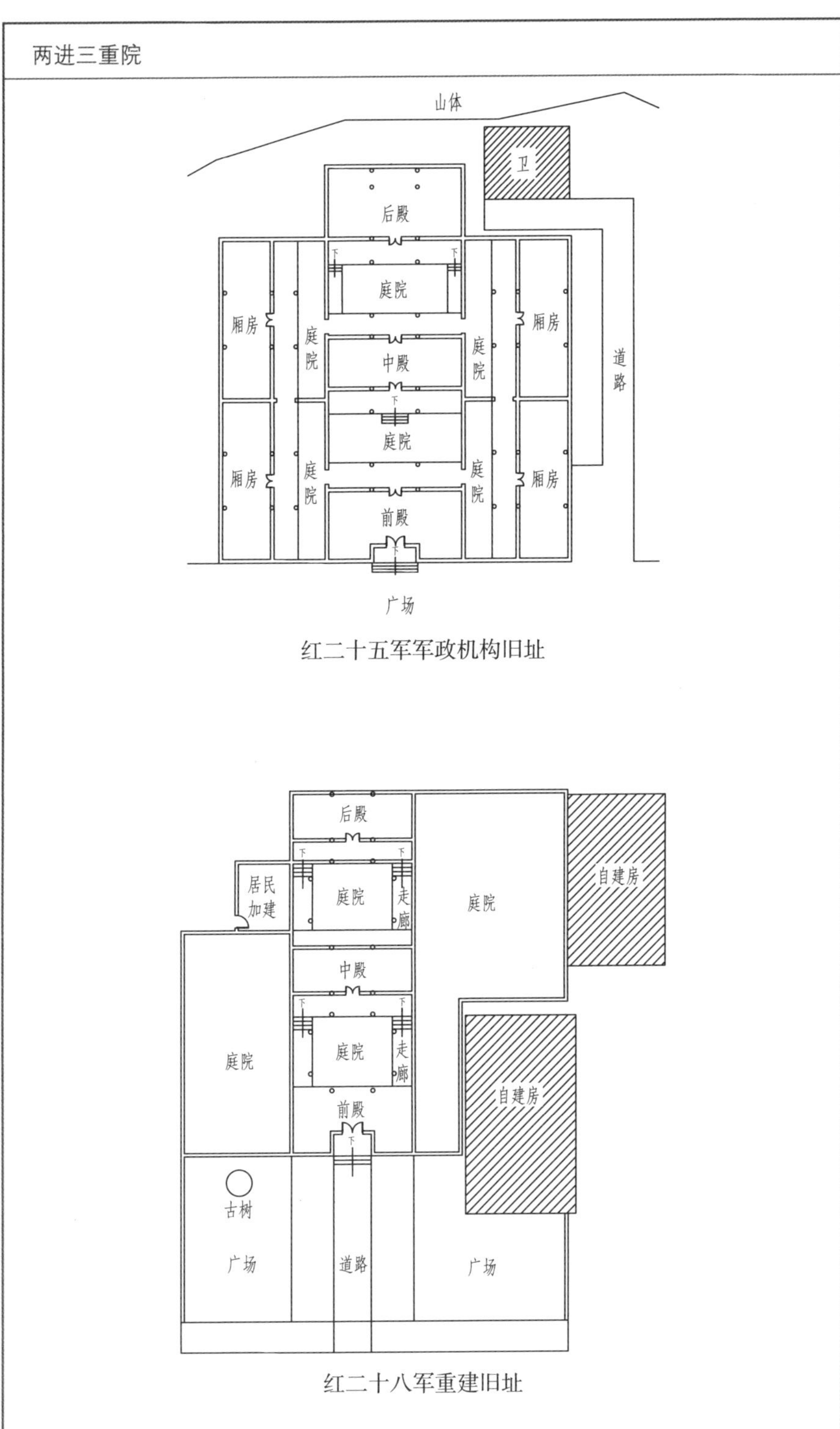

红二十五军军政机构旧址

红二十八军重建旧址

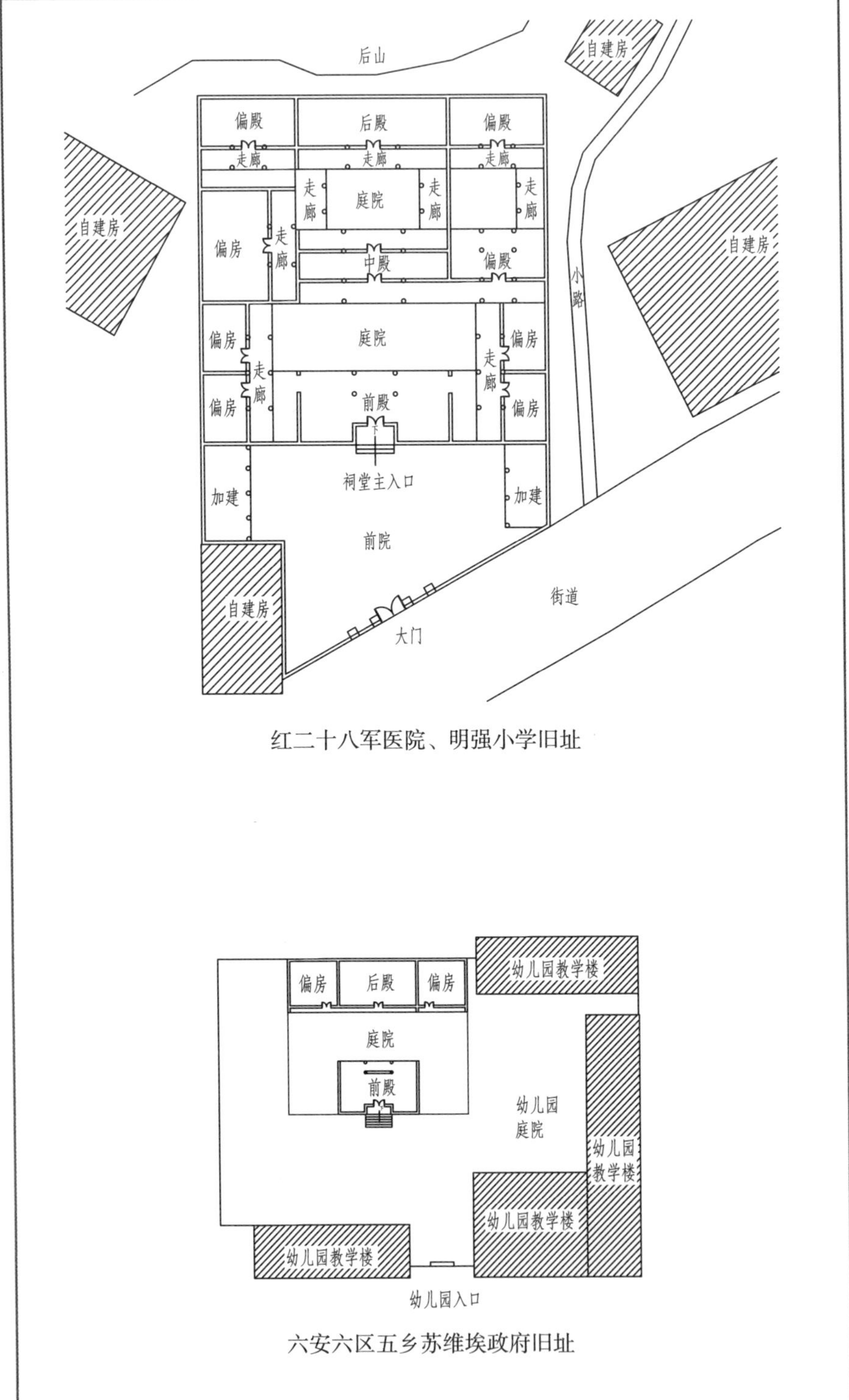

红二十八军医院、明强小学旧址

六安六区五乡苏维埃政府旧址

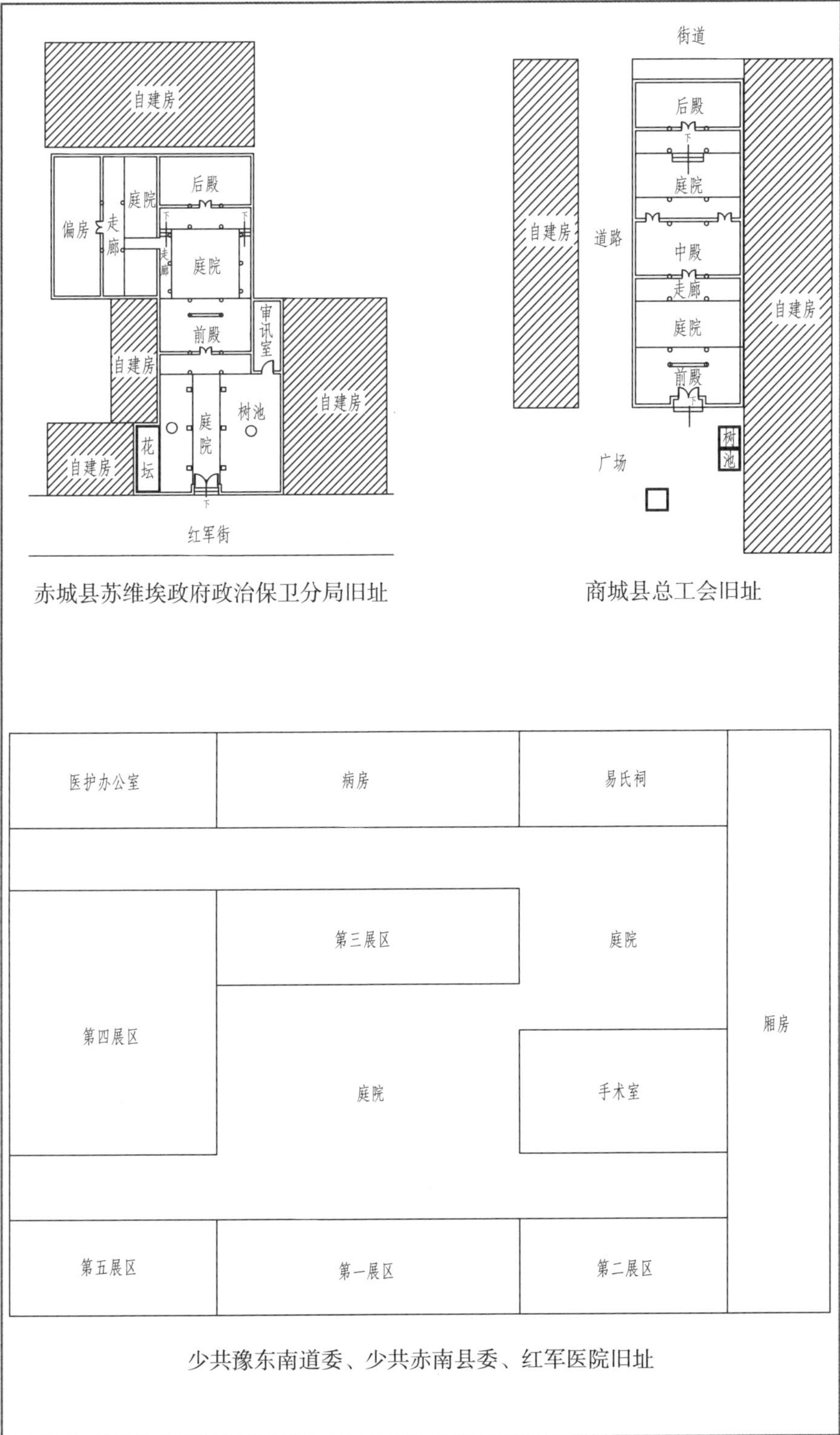

赤城县苏维埃政府政治保卫分局旧址

商城县总工会旧址

少共豫东南道委、少共赤南县委、红军医院旧址

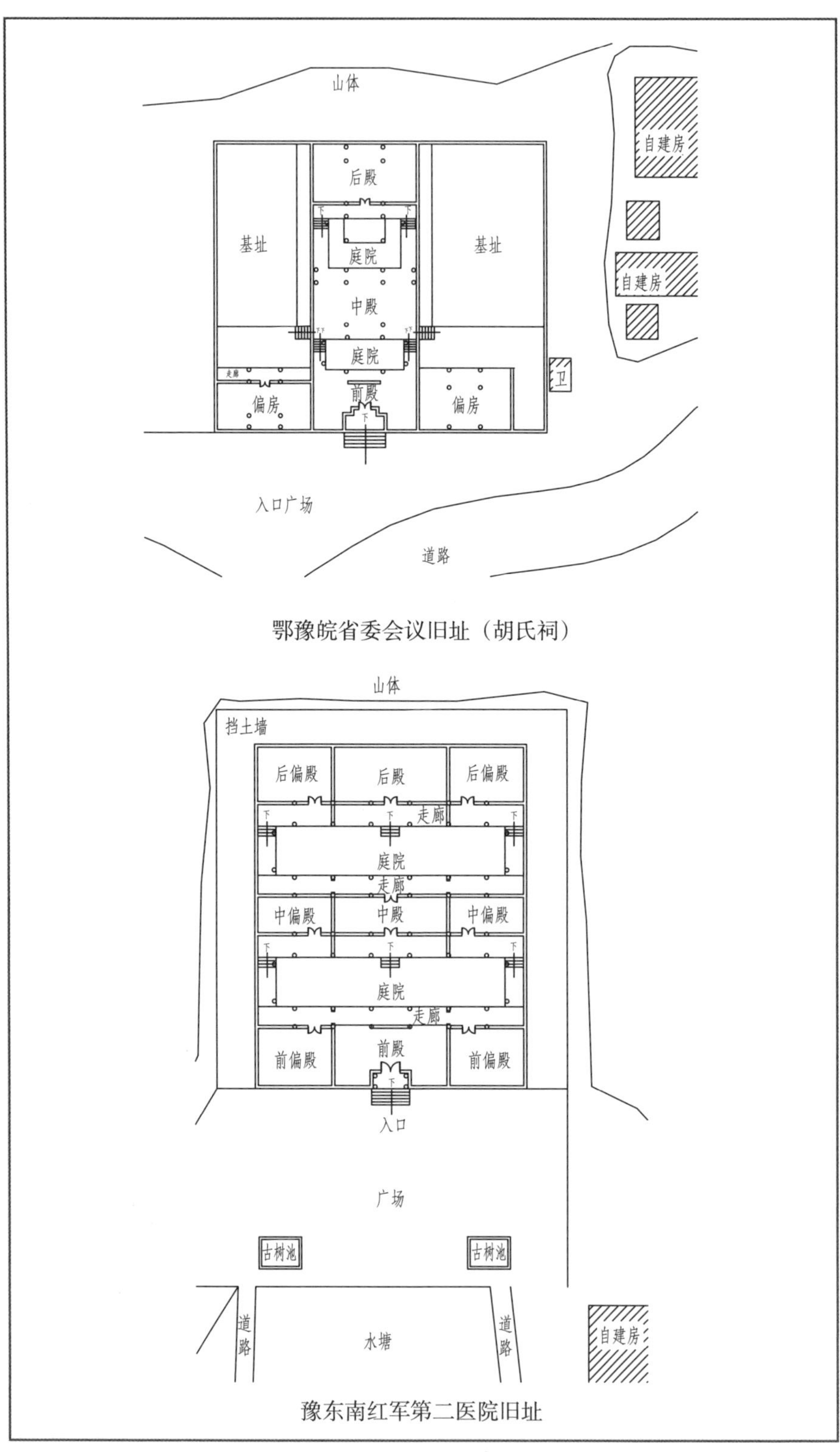

鄂豫皖省委会议旧址（胡氏祠）

豫东南红军第二医院旧址

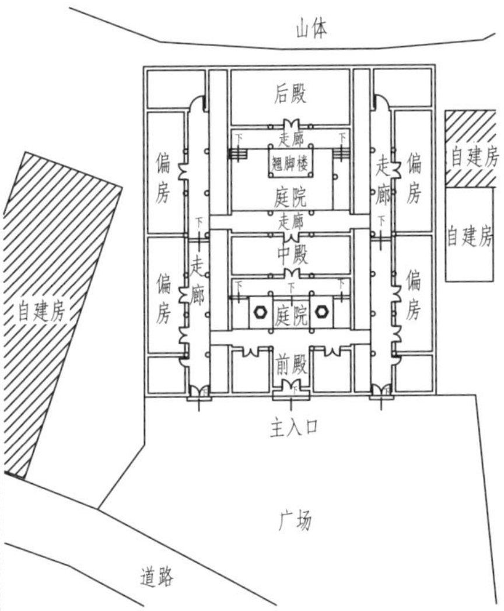

商城县一区六乡苏维埃政府旧址

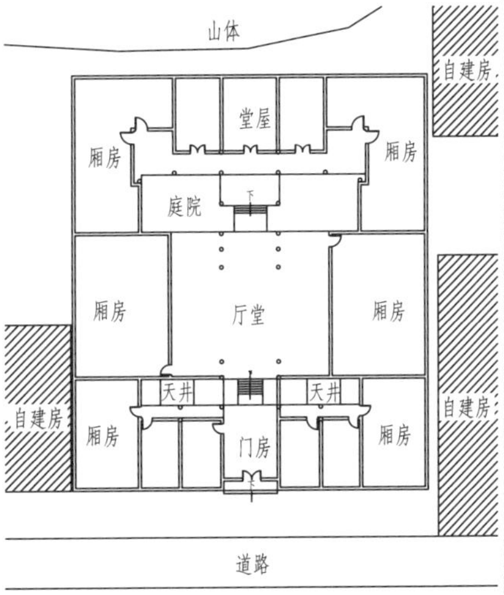

中共商南县委成立地旧址

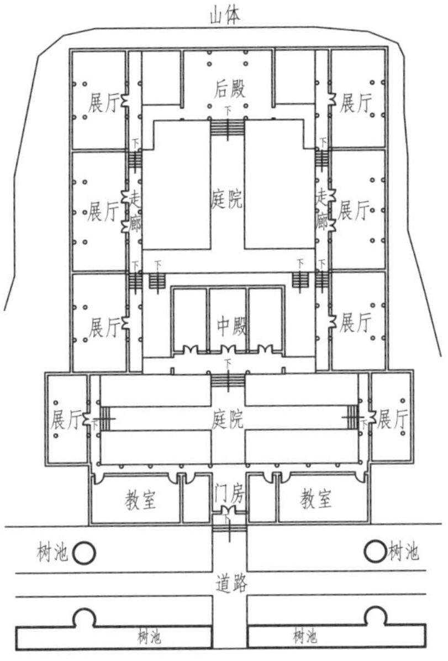

赤城县六区一乡列宁小学旧址

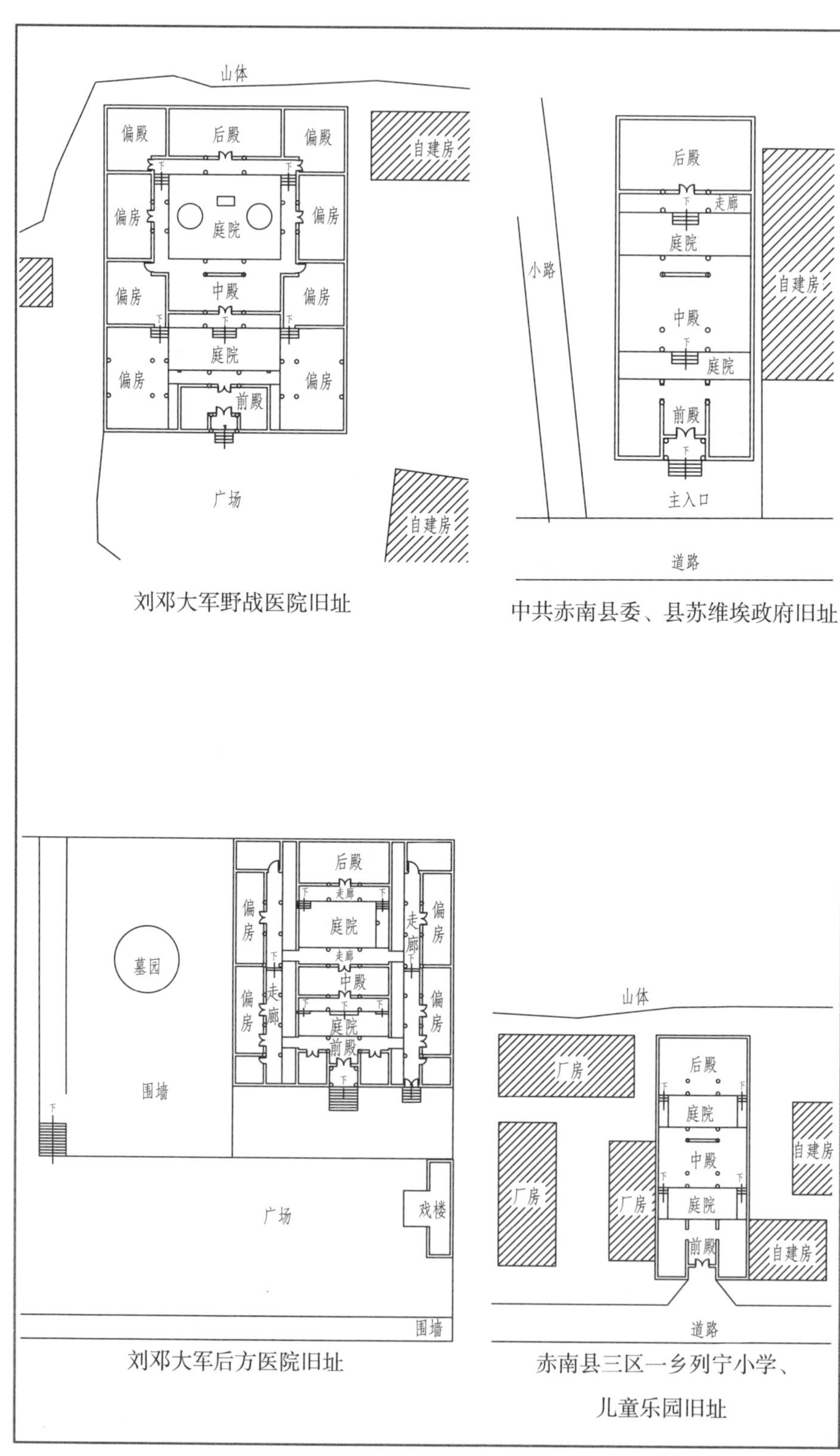

刘邓大军野战医院旧址

中共赤南县委、县苏维埃政府旧址

刘邓大军后方医院旧址

赤南县三区一乡列宁小学、儿童乐园旧址

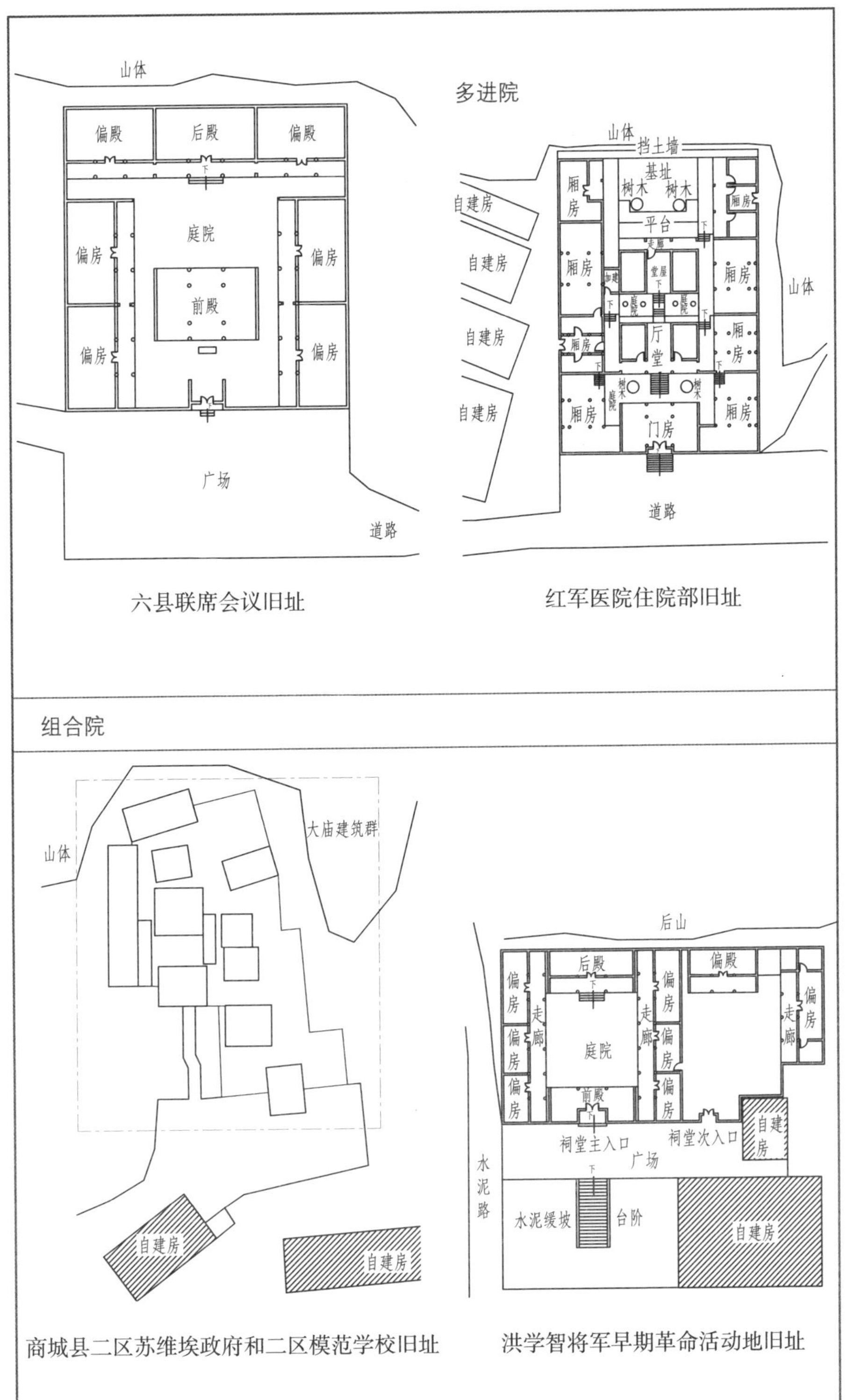

六县联席会议旧址

红军医院住院部旧址

商城县二区苏维埃政府和二区模范学校旧址

洪学智将军早期革命活动地旧址

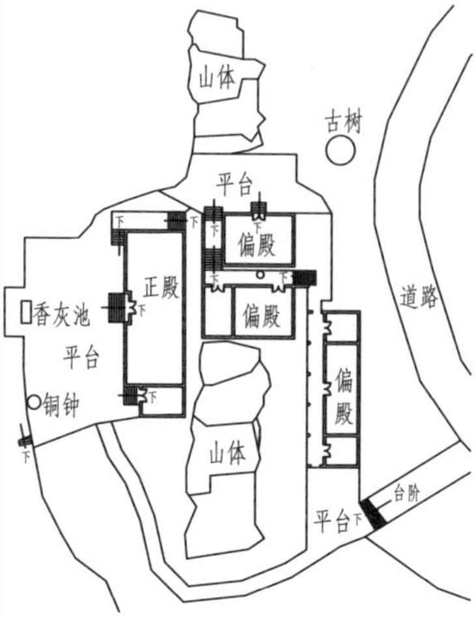

立夏节起义总指挥部旧址

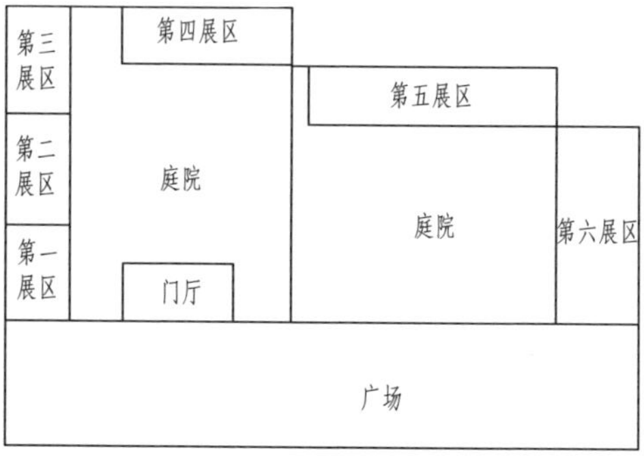

豫东南道委、道区苏维埃政府旧址

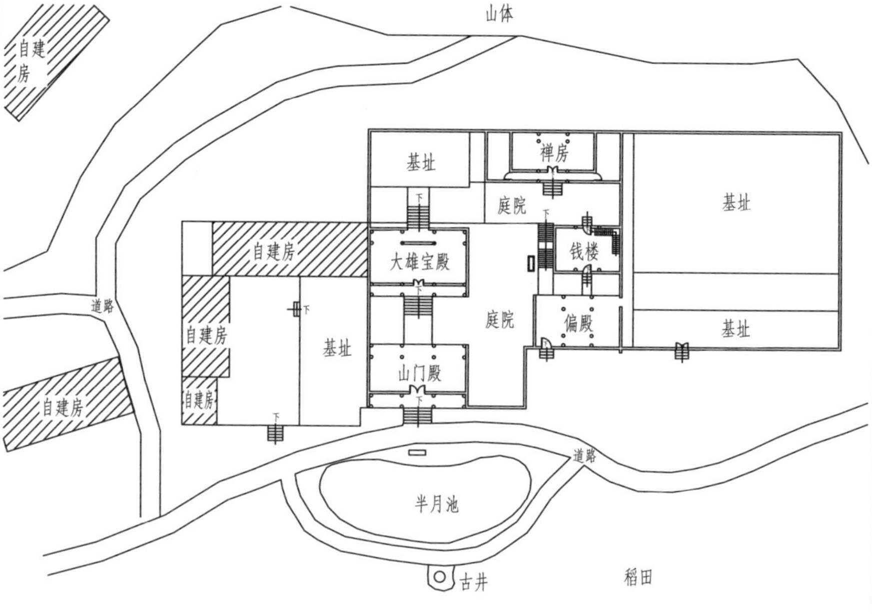

金寨县早期党组织诞生地旧址

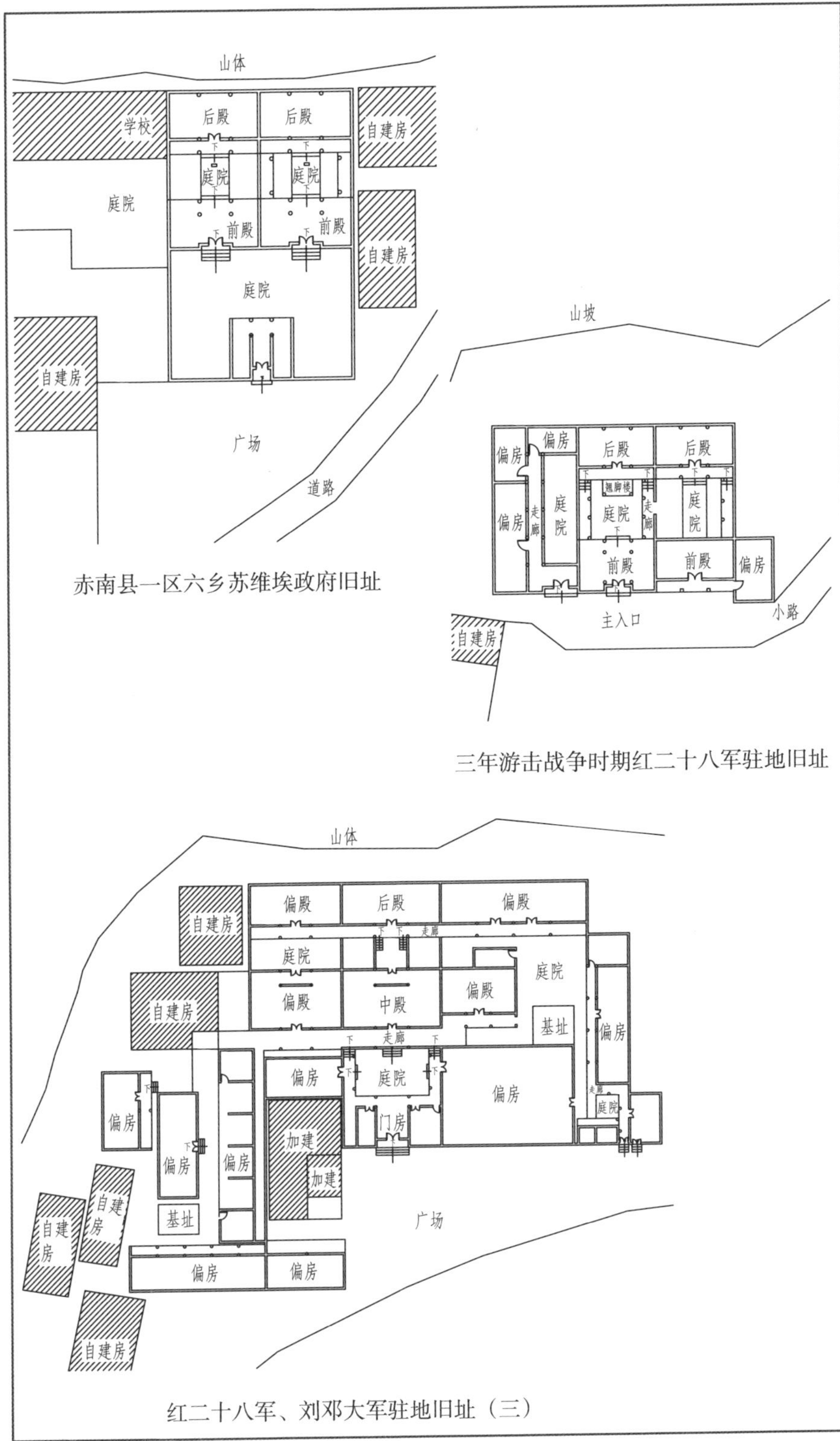

赤南县一区六乡苏维埃政府旧址

三年游击战争时期红二十八军驻地旧址

红二十八军、刘邓大军驻地旧址（三）

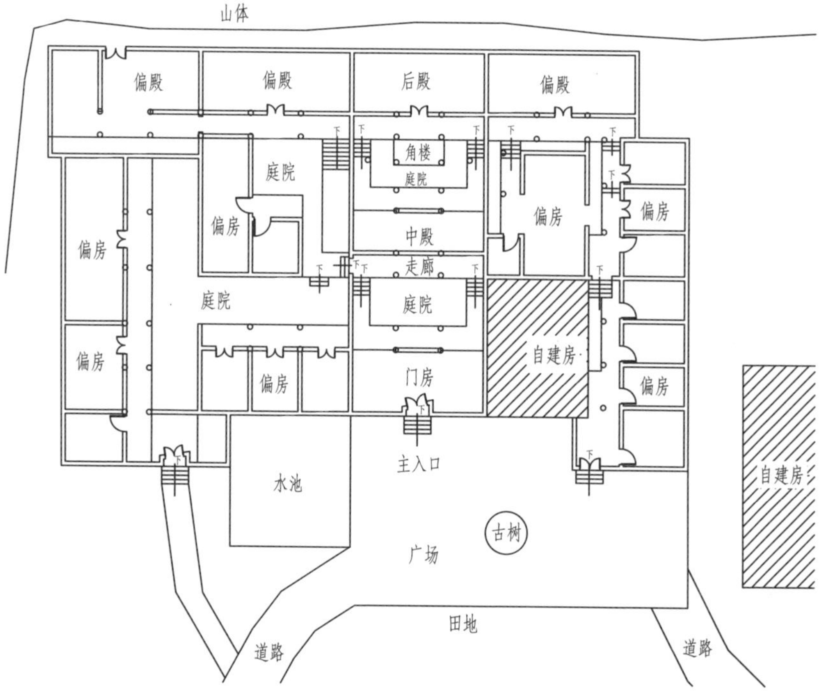

红一军独立旅驻地旧址

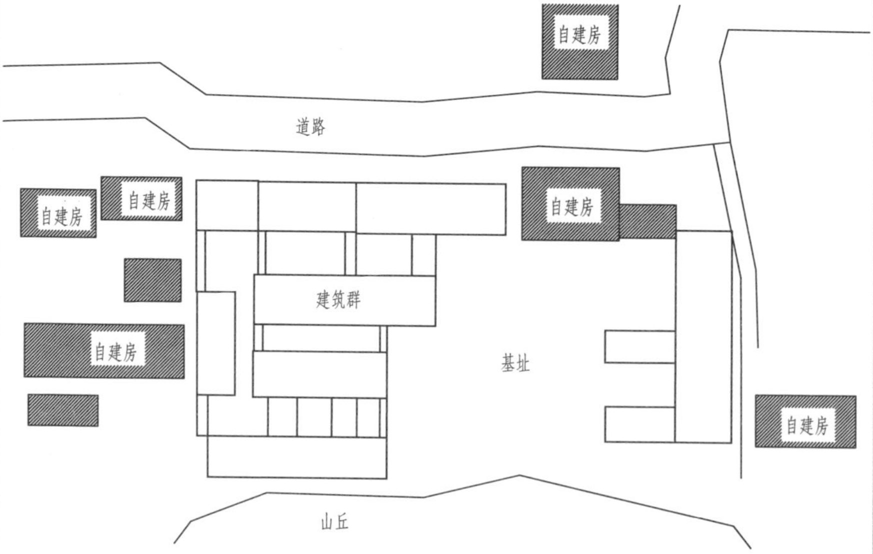

红十一军三十三师师部旧址

4 金寨县革命传统建筑特征

4.1 空间布局特征

4.1.1 入口空间

因地理位置、周边环境及文化传承等因素的差异，金寨县革命传统建筑的入口空间特点主要体现在以下几个方面：

（1）建筑入口前设广场

从满足大量人员集散的功能需求出发，大部分革命传统建筑都会在入口前设置广场。这些广场大多形式规矩整齐，使用青砖、青瓦或石材铺筑。同时，广场一侧多植有古树，树龄普遍有几百年之久，保存状况较好，为建筑的入口广场增添了丰富的空间趣味。例如，红一军独立旅驻地旧址（原晏家老湾古民居）位于汤家汇镇瓦屋基村，入口前广场存有一株树龄300年的古银杏树，为旧址增添了古朴的气息（图4-1）。

图4-1 红一军独立旅驻地旧址

（2）广场前方设水塘

水塘是革命传统建筑规划建设中的重要组成部分，相当一部分旧址在广场前方都设置了水塘，这构成了以“水塘—广场—建筑入口—建筑”为序列的主轴线，对建筑入口空间秩序的强化具有重要作用。例如，位于汤家汇镇的豫东南红军第二医院旧址（原豹迹岩邓氏祠）结合周边地势，在入口广场前部设置梯形水塘，使得整体空间严整有序（图4-2）。

图4-2　豫东南红军第二医院旧址

（3）入口临近主干道

部分革命传统建筑在建设时，由于受到周边已有空间环境的影响，空间留存较为局促，无法建设入口广场。因此，这种革命传统建筑的入口大多靠近主要道路，利用较宽阔的道路实现集散人群的作用。这类入口空间与开阔的前广场空间相比，建筑整体的亲和度较高。例如赤城县邮局旧址（原汤家汇镇徐氏祠），建筑整体沉稳内敛，与周边环境较为融洽；同时，在入口大门的设置上进行了相应的退让，与毗邻的红军街形成了较为适宜的空间尺度，给人留下深刻的印象（图4-3）。

图4-3　赤城县邮局旧址

4.1.2 庭院空间

庭院作为我国传统建筑空间的灵魂，是传统建筑的重要组成部分，对于整座建筑的空间布局、感受和虚实变化等有着决定性的影响。庭院在丰富建筑内部空间环境、分隔建筑不同功能、划定建筑秩序等方面，也起到了重要的作用。金寨县革命传统建筑中的庭院同样符合上述原则。相较于皖南地区的传统建筑，该地区的建筑庭院空间更为宽阔开敞且尺度宜人，空间流动性很强，鲜有闭塞感。院内绿植层次分明，布置有序；而周边的游廊、立柱等建筑构件，则进一步丰富了庭院的空间美感。

4.1.3 天井空间

作为传统建筑的组成部分，天井对于空间连续性的保持具有重要作用；其虚化的建筑空间与建筑实体形成了鲜明的对比，和庭院有着异曲同工之妙。金寨县革命传统建筑在经历多年发展演变后，现存的天井空间主要有两种类型。第一种，对主轴空间进行分隔的天井。例如，鄂豫皖省委会议旧址（原汤家汇镇胡家小湾胡氏祠），该处天井位于门房与中殿之间，即从使用空间层面将前后两处建筑实体进行分隔，从而产生空间变化；又在建筑整体层面统一轴线，保持空间的连续性。第二种，对主轴建筑和两侧厢房进行分隔的天井。例如，红一军独立旅驻地旧址，该建筑内的天井通过对中殿和厢房进行合理分隔，使得厢房在用地较为局促的情况下依旧能获得有效的采光（图4-4）。

图4-4 鄂豫皖省委会议旧址（左）、红一军独立旅驻地旧址（右）

4.1.4 导引空间

一般传统建筑的内外空间划分主要由导引空间负责，导引空间在金寨县革命传统建筑中主要体现为建筑前部的门房空间。笔者通过实地走访调研发现，此类建筑并未设置照壁，而是将大门与照壁的作用统一于门房，从而形成了形式多变、丰富多样的门房建筑。具体体现在门房细部上，有齐墙设置的双扇平开门，也有内退一柱跨的平开门，门上布置匾额；门房大多建设为横向三开间，比例划分协调，部分还建有较为精细的门楼，进一步强化导引空间的昭示性。

4.1.5 祭祀空间

家族祠堂、寺庙、传统民居这三类建筑是金寨县现存革命传统建筑的组成主体。祠堂、寺庙是当地重要的祭祀场所，其祭祀功能随着历史时期的变化而经历着繁荣与衰落的更替。目前，这些祭祀场所基本得到了保留，祭祀功能也得到了延续。笔者经实地调研发现，祠堂一般在正殿设置供后人瞻仰的先祖牌位、画像、雕塑等，除此之外，鲜有其他陈设内容。由于我国宗教的特点是多神教，同一场所内需要祭祀的对象较多，因此寺庙内除正殿外，在前殿、偏殿等位置都会设置神佛塑像以供祭拜。传统民居通常会在最后一进房屋正堂内设置祭祀场所，以纪念祖先等。

4.1.6 居住空间

在各时期内，居住功能都是革命传统建筑最重要的功能之一。具有居住功能的空间也是整座建筑内占比最大的一部分。该部分多利用偏殿、厢房等次要空间，通常布置在建筑的中轴两侧，而主殿一般作为会议场所使用。现今，多数革命传统建筑原本空间形态已不复存在，取而代之的多为修缮后重新布置的展陈内容。

4.1.7 外部空间

外部空间作为建筑整体空间的重要组成部分之一，对于建筑整体质量的提高产生了巨大影响，我们在保护革命传统建筑时，必须将整体环境对建筑的影响纳入考虑范围。由于地处大别山区，金寨县大部分革命传统建筑的外部空间多为群山与河流，周边环境与建筑的依存关系明显。对于相对偏远的建筑，其外部空间保护的主要内容包括林木保护、水体水质维护、山体及岩土保护、广场及道路的修复等；对于地处城镇的建筑，应当特别注意本体与邻近建筑、街道的关系，尤其是新建建筑的体量尺度等，不能对现有的革命传统建筑产生不利影响。

4.2 装饰艺术特征

4.2.1 墙面

受当地山区潮湿多雨的气候影响，金寨县革命传统建筑墙体多采用稳定性与抗渗透能力较好的青砖与石材修筑。整体外墙面多为清水砖砌筑、白色砂浆勾缝的形式，简洁而富有韵律，墙垛、墙头等各部构件做工细致美观大方。伴随着人口流动与文化传播，皖南地区的徽派建筑元素——马头墙也在金寨县革命传统建筑中得到了体现，并在此基础上演变出了独有的风格。例如，古南乡民主政府驻地旧址（原古碑镇司马村楼房组何氏宗祠）的山墙采用了该地区十分罕见的曲线造型，线条流畅，形似龙脊（图4-5）。

图4-5　古南乡民主政府驻地旧址

4.2.2 门窗

笔者通过实地调查发现，金寨县革命传统建筑的外墙门窗多以石材做框，木制门扇、窗扇为主。建筑的内墙门窗则多以木材制作，少数构件还附有雕刻，内容主题多和祥瑞相关。在对门窗这类构件进行保护时，我们应遵循修旧如旧的原则，对其现状进行评估，从实际出发提出修复方案，力求恢复建筑原本的风貌。例如，对于变形腐蚀严重、影响建筑整体风貌的部分，应予以及时更替，防止进一步损坏。同时，更替的材料、工艺方法等应在充分研究原件的基础上，做到形似神同的程度。

4.2.3 标语

标语是利用文字作为传播载体的一种简单而高效的文化宣传手段。革命战争时期，为了响应党中央的号召，提升广大人民群众参与革命的积极性，配合革命工作的顺利进行，金寨县革命传统建筑的墙面上普遍存在着宣传标语。这些文字是时代的见证，是当时历史的反映，是党领导人民进行革命斗争的宝贵遗产。例如，现存于鄂豫皖省委会议旧址的“坚决恢复皖西北的苏区”标语，正是当年红二十八军进行革命斗争的真实精神写照(图4-6)。

图4-6 鄂豫皖省委会议旧址（胡氏祠）

4.2.4 雕刻

金寨县革命传统建筑的装饰形式多样，包括砖雕、木雕、石雕以及绘画等，其所蕴含的艺术价值较高。对于现存的雕刻构件，我们应进行系统性的复原保护。例如，汤家汇镇李老湾古民居内的木构件多施以木雕，在发挥力学作用的同时造型也很精美出彩，但受多种因素的影响，许多构件都受到了不同程度的损毁与破坏；又如，革命先烈罗洁故居的石雕，前殿墙壁上的

“福、禄、寿、喜”四字石窗和花格石窗造型优美、惟妙惟肖（图4-7）。

图4-7 李老湾古民居（上）、革命先烈罗洁故居（下）

4.2.5 柱子

在传统建筑体系中，柱子作为支撑结构具有十分重要的地位。柱子一般可分为柱头、柱身、柱础三部分，尤其是柱础的表现力最强。金寨县革命传统建筑柱础形式多样、形态各异，在实用的基础上又不乏美感。例如，古南乡民主政府驻地旧址，柱础造型多达三十余种，雕饰细节丰富精美（图4-8）。

图4-8 古南乡民主政府驻地旧址

4.2.6 屋架（顶棚）

屋架是限定传统建筑空间尺度的重要元素。笔者通过调查总结，金寨县革命传统建筑的屋架基本为木构抬梁式，且不似皖南地区对各部分构件都进行雕刻装饰，只有部分建筑的顶棚具有华丽的装饰，如商城县一区六乡苏维埃政府旧址（原汤家汇镇金刚台村余氏祠），其后殿前方的翘脚楼拥有华丽的藻井，中间有一金色麒麟点缀，极其精美。此外还有部分石质翘脚楼，如三年游击战争时期红二十八军驻地旧址（原汤家汇镇瓦屋基村余氏祠），据当地居民介绍，原本角楼是木质的，损毁后又被当地村民使用石头进行了砌筑重修（图4-9）。

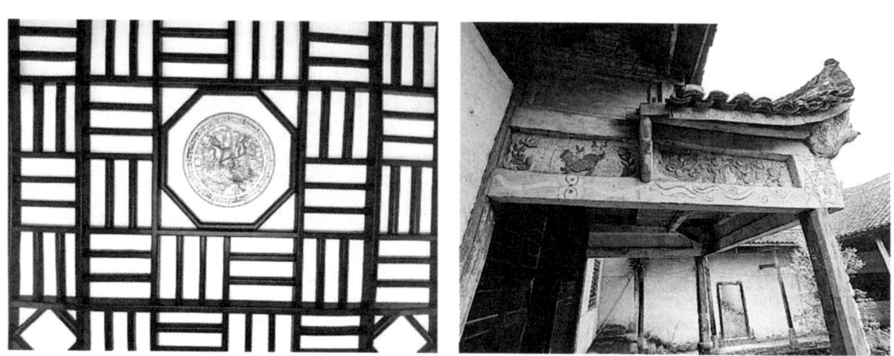

图4-9　商城县一区六乡苏维埃政府旧址（左）、三年游击战争时期红二十八军驻地旧址（右）

4.3　结构构造特征

4.3.1　屋顶

经过对金寨县革命传统建筑屋顶的调查，笔者发现，其屋顶形制以硬山双坡顶为主，部分庙宇建筑屋顶等级较高，如六安六区二乡苏维埃政府旧址（原槐树湾乡响山寺村响山寺），建筑群的正殿和偏殿为歇山顶（图4-10）。革命传统建筑中保存较好的屋顶材质多采用小青瓦，也有少数屋顶使用彩色筒瓦；对于保存情况较差、经过重修或改建的革命传统建筑，

图4-10　六安六区二乡苏维埃政府旧址

多采用彩色筒瓦、琉璃瓦屋顶，少数采用茅草屋顶。屋顶的形制、瓦的材质及色彩，对于革命传统建筑风貌的表现力和革命渲染力的提升起到关键作用，因此在革命传统建筑屋顶的保护修缮中，应注意传统建筑风貌的重塑。但笔者在实际调查中发现，部分重要革命传统建筑由于疏于管理，年久失修，建筑屋顶遭受了不同程度的损坏。

4.3.2 墙体

金寨县革命传统建筑墙体多采用砖石结构，并用三合土砌筑勾缝；也有少数墙体使用土坯砖为砌筑材料，并以灰浆抹面。随着时间的流逝，墙面在风雨的侵蚀之下，大部分出现了不同程度的毁坏。另外，笔者调查发现，在对革命传统建筑的修缮中，由于工作人员使用了真石漆等不符合传统建筑风格的饰面材料，使其整体风貌遭受破坏。

4.3.3 木构架

金寨县革命传统建筑木构架多为抬梁式结构，厅（殿）的面阔以三开间为主，也有少数建筑偏厅（殿）面阔为五开间；另外，少数厅（殿）的单侧或两侧还布置廊庑，如鄂豫皖边区党组织联席会议旧址，为一座一进两重院落布局的建筑，前殿与后殿面阔三间，偏殿面阔五间（图4-11）。

图4-11　鄂豫皖边区党组织联席会议旧址

4.3.4 地面

金寨县革命传统建筑的楼地面大都经历了不同程度的修缮，其现状与原始的状态存在些许差异。笔者通过调查发现，现有革命传统建筑室内地面多用方砖铺地，但也有部分建筑室内在修缮时使用混凝土浇筑，并用水泥抹面，如赤南县苏维埃政府旧址（原汤家汇镇廖氏太守祠）。传统民居庭院内地面大多以三合土夯实地面为主，如红二十八军、刘邓大军驻地旧址（三）（原汤家汇镇瓦屋基村李家老湾古民居）。室外地面有道路需求但尚未修建的，一般采用条石或方砖铺砌，其余部分则为素土夯实地面，如立夏节（商南县）起义旧址（原南溪镇丁家埠大王庙）（图4-12）。

图4-12 赤南县苏维埃政府旧址（左），红二十八军、刘邓大军驻地旧址（三）（中），立夏节（商南县）起义旧址（右）

4.3.5 基础

我国传统建筑台基一般用条石进行铺砌，笔者经调查发现，金寨县革命传统建筑多数也是如此，但也有部分建筑以夯实的三合土作为基础。有的建筑为了增强整体气势，将建筑基础抬高，如赤南县赤卫队队部旧址（原汤家汇镇薛家山大庙），坐落于约3米的基座上，外围用石块砌筑，内部用碎石和夯实的三合土填充（图4-13）。

图4-13 赤南县赤卫队队部旧址

4.4 建筑分布特征

空间分布的不同是金寨县革命传统建筑分布的最主要特征。由于革命斗争的需要，共产党人在金寨县境内乡（镇）村开展了广泛的革命活动，以反抗国民党反动派的统治和地主阶级的压迫，由此形成了数量众多、分布广泛的县内革命传统建筑分布格局。处在大别山腹地的金寨县，以其良好的群众基础，加上地理环境的隐蔽性与得天独厚的游击作战条件，推动着“革命据点”的广泛建立。

4.4.1 乡镇中心集中区

为便于农民运动的广泛开展，选择交通相对便利、设施较为齐全的乡镇作为革命据点的中心是必要的，此举能提高革命活动的活跃度。例如，金寨县汤家汇镇被称为“一个完整的苏维埃城”，现镇中心保留着不同类型的革命传统建筑，其中红军银行、赤城县邮政局、赤南县苏维埃政府、少共豫东南道委、少共赤南县委、红军医院等旧址，相距都在百米左右。

4.4.2 村落中心区

处在村落中心区的革命传统建筑在金寨地区最为常见。以村为单位建立的革命根据地，拥有广泛的群众基础，有利于革命力量的壮大和发展。例如，位于白塔畈镇光慈村的蒋光慈故居、汤家汇镇金刚台村余氏祠（商城县一区六乡苏维埃政府旧址）等，都是典型的代表。

4.4.3 村落边缘、山谷、山顶地带

传统建筑中的庙宇、祠堂、民居的建造一般依据风水格局来进行，金寨县革命传统建筑中的庙宇、祠堂及部分民居也是如此。笔者经实地调研了解到，当地的祠堂、庙宇一般讲求“相位”之说，即祠堂或庙宇在营建时的选址一般会选择“风水汇聚”之地，在建筑入口朝向的选择上也有讲

究，一般会朝向远处的山丘、山脊或古树等。例如，作为红日印刷厂使用的原南溪镇王畈村吴氏祠，在入口的营建上就很讲求“相位”做法，祠堂的大门在建造时往北偏移了10度左右，以达到与远处的山丘相对的环境格局；原汤家汇镇泗道河村吴中湾古民居，曾作为刘邓大军泗河驻地使用，为了与远处的山丘相呼应，大门和朝向也都做了一定程度的偏移。

第二部分

金寨县重要革命传统建筑实录

金寨县革命传统建筑分布广泛，本次实录记录了其中的重点革命传统建筑，范围涉及金寨县县城中心以及大别山区内部的乡镇中心、村中心、偏远村落，共计97处革命传统建筑，其中有国保单位7处、省保单位27处、市保单位6处、县保单位45处、未定级12处（以最高保护等级计算）。各乡镇中以汤家汇镇的重要革命传统建筑居多，当地保留了我省最完整的苏维埃政府旧址群，环境跨度包括中山、低山、丘陵、平原地貌。笔者实地调查范围基本覆盖金寨全境，通过这些深入详细的调查，形成了金寨县重要革命传统建筑实录，获得了反映金寨县革命传统建筑现状的第一手资料。

1 斑竹园镇

1.1 立夏节武装暴动、中共赤南县苏维埃政府列宁小学旧址

1.1.1 历史背景

李家集：相传是因李姓首居而得名，是通往湖北、河南、安徽三省的边贸交通要道，鼎盛于清朝中期，沿街商铺近百间，往来贸易繁华，李家集古驿道、文昌宫因此而闻名。李家集文昌宫：始建于明朝末年，是由当地乡绅集资修建供孩童们耕读的学堂，为清朝四里八乡乡试会考的场所。1929年5月6日，肖方同志接到周维炯的命令后，与打入民团内部的共产党员漆承楼商量，让漆承楼半夜打开民团宿舍大门，里应外合，夺取枪支，武装解决驻防在李家集文昌宫的一个班团丁，取得立夏节武装暴动的胜利。1930年年初，中共赤南县县委在李家集文昌宫创办学校，供红军子女和穷苦孩子读书，统称为列宁小学。

旧址原为斑竹园镇李集村文昌阁，在2017年被金寨县人民政府列为金寨县重点文物保护单位，其建筑面积约为430平方米，为“一进两重”式院落布局，砖木结构，坐西朝东，共有房16间，砖雕、木雕风格独特。目前，相关部门围绕文昌阁，在原有村落的基础上打造了一个由十余栋仿古建筑组成的村落，街巷、建筑尺度、立面色彩都与文昌阁相协调，成为金寨县重要革命传统建筑保护利用模式探索过程中的一个经典范例。但是目前村落的使用度还不高，业态还不完整，有些倒塌的建筑还未得到及时的修缮处理。

1.1.2 现状照片

1.2 红十一军第三十二师成立旧址

1.2.1 历史背景

立夏节起义胜利后，金寨各地开始庆祝起义的胜利，随后各路武装力量齐聚朱氏祠，并在此成立了红十一军第三十二师，全师共有人员200余人。朱氏祠对面是当年的会师广场，广场前有一棵红檀树，至今尚存。会师朱氏祠，代表着豫东南革命根据地的初步形成，并为日后的红四方面军的组建打下基础，同时有效支援和推动了“六霍起义”的进行，开辟了皖西革命根据地，是中国革命史上的光辉时刻。新中国成立以后，当年的起义军中有众多的革命人士成了共和国将军和各级干部，为新中国的事业继续奋斗。2015年，在金寨县委和县政府的支持下，斑竹园镇党委和镇政府为弘扬红军精神，继承革命传统，在此修建了“立夏节起义胜利会师广场”。

旧址位于安徽省六安市金寨县斑竹园镇，原为朱氏祠。2006年，旧址被国务院公布为全国重点文物保护单位。建筑外观古朴端庄，青砖小瓦，砖木结构，依山势而建，一进比一进高。建筑中轴对称，布局合理，是一组大型的清代皖西古祠堂。建筑总面阔26.1米，总进深51.81米，总占地面积为1350平方米。目前旧址主要作为展示陈列场所使用，共分为5个展区。第一部分为室外场景区，室外场地通过庄重大气的设计风格、通俗易懂的文化符号，彰显着展馆特色，给人留下了深刻印象；第二部分为陈列布展区，再现了中共商罗麻特别区委领导下发动的立夏起义、红三十二师建军、“蕲黄广”战役，以及后来创建鄂豫皖革命根据地的全过程；第三部分为情景教学区，展现了红三十二师师部成立过程，还有作战室、机要处、军医处、周维炯卧室、团丁宿舍等场所的集中展示；第四部分为声光影像区，设置了放映室，游客可观看红色电影，满足小型会议、团体接待要求；第五部分为功能区，设置了办公室、物料室等功能用房，满足各种接待要求。

1.2.2 现状照片

1.3 赤南县三区一乡列宁小学、儿童乐园旧址

1.3.1 历史背景

旧址位于斑竹园镇金山村倒马河，原为刘氏祠。旧址紧邻乡道，2012年被金寨县人民政府列为金寨县重点文物保护单位，现恢复为刘氏一族祭祀的场所。

建筑为“两进三重”式院落布局，整体保存完好，内部虽然雕梁画栋，但是在材料的使用上没有遵循原有的形制。由于旧址东侧的自建房与旧址门房相连，一定程度上破坏了建筑的完整性。屋顶采用红色瓷瓦屋面，墙面使用真石漆粉刷，导致原真性丧失。建筑内部供奉有神佛塑像，据村民讲述，此地也是地方民间艺术的展示之地。

1.3.2 现状照片

1.4 商城县农民协会、红军医院旧址

1.4.1 历史背景

旧址位于鄂豫皖三省交界的金寨县斑竹园镇走马坪的漆氏宗祠，2018年被安徽省人民政府公布为安徽省重点文物保护单位。漆氏宗祠是漆氏族人为纪念“迁商一世祖”泰四式娴公而建造的。在北伐军节节胜利的大好形势下，1922年春，以金寨为中心的鄂豫皖边区大部分乡建立了农民协会。1927年4月，商城县农民协会开始筹备；同年11月，商城县农民协会正式成立，驻地在斑竹园文昌宫，后移至漆氏祠。经过选举，周汉卿任农民协会委员长，徐润亭任副委员长，商南地区的农民运动有了统一的领导。在1929年立夏节起义成功后，鄂豫皖根据地成立了多支红军队伍。该旧址又曾是红军后方医院。1926年，共和国将军徐立清依托漆氏宗祠开办少年读书班，培养新生革命力量。20世纪50年代及70年代，共和国将军漆远渥、漆（戚）先初回乡之时，皆曾亲至漆氏宗祠缅怀先祖，告祭牺牲的同宗革命战友。

宗祠坐北朝南，面阔18米，进深54米，建筑面积为965平方米。整体建筑为砖木结构，屋顶为油漆杉木整铺；栋梁架柱均由密质松木仿古修造，并饰以人物花鸟书联；四围墙体皆由特制青砖筑砌；大门为釉面红漆檀木，两面石鼓立护其前。宗祠前方原为走马中学，现学校已搬至斑竹园镇，目前处于闲置状态。

1.4.2 现状照片

1.5 泰山集农民协会旧址

1.5.1 历史背景

旧址位于金寨县斑竹园镇长岭关村，原为罗氏宗祠。长岭关村紧邻湖北省麻城市、罗田县，是典型江淮分水岭的朴实小山村。长岭关村村内红色历史底蕴浓郁，先后走出了开国将军林彬、大校罗崇富等多名革命家。在长岭关村众多革命传统建筑中，罗氏宗祠扮演着重要的历史角色。

1925年夏，商南地区的党组织逐步发展建立了农民协会。1926年，南溪、斑竹园地区在詹谷堂、袁汉铭、周维炯、李书铭、王凤池等人的领导下，部分乡、村农民协会也纷纷建立起来，到1927年金寨地区的农民协会逐渐壮大。罗氏宗祠时为泰山集农民协会驻地。1927年11月，距离长岭关村仅50多千米的麻城爆发了“黄麻起义”，紧接着1929年5月在斑竹园镇、吴家店镇爆发了“立夏节起义”。而长岭关作为历史名关，历来是兵家必争之地，此时各路希望改变旧中国的有识之士纷纷聚集长岭关，罗氏宗祠便成了这些先驱们奋斗的集聚点，在这里萌发了改变中国现状的新思想。

2019年4月，上级文旅部门共投资100余万元重新维修罗氏宗祠，旨在教育我辈铭记历史，不断学习和前进。

2018年，旧址被安徽省人民政府公布为安徽省重点文物保护单位，主体建筑为“两进三重”式院落布局，同时背山面向主干道，左右各有厢房，厢房为卷棚屋顶。有别于金寨县的其他祠堂类建筑，旧址造型优美，卷曲自然，线条柔和。建筑经过修缮后，整理出了前院空间，紧挨省道的门房古朴亲和，前院空间宽敞。屋脊装饰丰富，脊兽、角兽数量众多，造型多样。

1.5.2 现状照片

1.6 鄂豫皖边区党组织联席会议旧址

1.6.1 历史背景

旧址原为斑竹园镇小河村的王氏宗祠，地处大别山腹地，210省道边沿，2018年被安徽省人民政府公布为安徽省重点文物保护单位，是集历史文物、革命遗址和文化教育遗址于一身的古代建筑群。

王氏祠是重要的革命旧址，据《金寨红军史》记载，它是立夏节起义的重要策源地之一。1928年10月，鄂豫皖边区党组织联席会议就是在王氏祠召开的，会议主要内容是分析当时的国内外形势，制定红军组织条例，研究革命起义的战略部署，同时它还是红军的重要军工基地，在1929年至1932年间，成了红三十二师的被服厂，员工规模有100多人，这在全国都是少有的，负责人就是王氏族人——红三十二师军需处长王少怀。1932年年底，红二十七军与国民党四十七师在吴家店的包家畈决战两天两夜，大获全胜。军长刘士奇和当地苏维埃领导人商定，将700多位同志安排在王氏祠养伤。而墙壁上留下的“打土豪分田地”“红军万岁”等革命宣传标语就是最好的历史见证。

王氏祠又是重要的文化教育旧址，1928年，《八月桂花遍地开》的词作者——共产党员罗银青受党组织的委派在王氏祠办学，他在办学期间发展了15名共产党员，壮大了党组织；新中国成立以后，王氏祠长期是斑竹园地区的辅导区小学所在地，成为斑竹园地区的文化教育中心；1968年，又成为斑竹园地区初中教育的起源地。几十年来，祠堂里走出了德才兼备的莘莘学子，为国家培养了一大批各行各业的人才。

王氏祠是三槐祠与集贤祠的合称，占地面积达3000多平方米。王氏祠的建筑风格极具特色，既有徽州建筑之特征，又有地方建筑之特点，堪称古代建筑之精品。从外观上看，整座建筑层层叠起，气宇轩昂，屋顶高高耸立、金碧辉煌、气势凌云。屋檐高高翘起，犹如鲲鹏展翅、凌空欲飞，集贤祠正门上方的石梁上雕琢的“二龙戏珠”与“双凤朝阳”图案活灵活现、姿态优美、栩栩如生。横梁下面是一块巨大的人物石刻，画面上的人物个个神态安详、气质高雅、风度翩翩。从内部来看，祠堂上殿和下殿的木刻艺术更是精妙绝伦，所有的椽头都落在镂空且形似祥云的木雕之上，木梁和枋片都雕刻了各种图案，如“三阳开泰”“梅兰齐芳”等，形态逼真，令人叫绝。整体建筑布局合理，每个局部都安排得恰到好处，既有很高的建筑科学价值，又有极高的艺术审美价值。三槐祠早年毁坏殆尽，所有的文物荡然无存。所以，现在只能在集贤祠保留下来的部分残迹里窥视当年的这些景象。

1.6.2 现状照片

1.7 党务训练班旧址

1.7.1 历史背景

旧址位于斑竹园镇斑竹园村，原为柏梁宫，2018年被安徽省人民政府列为安徽省重点文物保护单位。建筑坐东朝西，主要由中部和东、西两处建筑组成。东、西两处建筑已毁，仅剩地基，杂草丛生。中部前后有两进一天井，平面呈“口”字形；外观为青砖小瓦，砖木结构，造型古朴典雅；室内梁枋雕刻刀法细腻，栩栩如生。建筑本体总面阔约11米，总进深约19米，总建筑面积约196平方米。

1929年，立夏节起义胜利后，党组织、政府机关和群众团体也纷纷建立。党组织为了加强对党员和先进青年的思想教育，宣传党的理论和组织纪律，在各级机构中设立党务训练班。1930年，中共商城县党务训练班在柏梁宫成立。

新中国成立后，训练班旧址又改为简畈小学，并在西边新建了教室3间，东边新建了学校的厨房及教师宿舍。在“文化大革命”时期，旧址遭到严重破坏，大门两侧的一对抱鼓石被埋于旧址西边空地，隔扇门、窗、楹联、字匾等也全部被砸坏烧毁，仅剩一扇隔扇窗的外框。1995年，小学搬走，厨房及教师宿舍无人居住，随后由于倒塌而被拆除。

1.7.2 现状照片

1.8 红军学兵团旧址

1.8.1 历史背景

旧址原为斑竹园镇桥口村中和祠，该祠始建于明朝中期，重建于清光绪二十四年（1898）。1929年，立夏节起义胜利后，红军第三十二师在斑竹园成立，初辖2个团共200余人，后发展到6个团和1个特务营。6个团中就包括有学兵团。学兵团就驻扎在中和祠，由红三十二师副参谋长漆海峰负责，主要培训主力红军和地方武装骨干，漆海峰、吴云山先后任团长。维修后的中和祠是爱国主义教育基地，旨在宣扬中华优秀传统文化和革命精神。2017年，中和祠被金寨县人民政府列为金寨县重点文物保护单位。

旧址门前宏阔，群山环抱，峰峦叠翠。建筑坐北朝南，依山势而建，为“两进三重”式院落布局，且每一进建筑较上一进建筑的基础逐渐升高，有步步高升之意。平面呈“日”字形，布局规整，砖、木、石雕雕刻工艺精湛，刀法流畅。建筑为砖木结构，外观为青砖小瓦，是典型的皖西古祠堂。建筑总面阔约11米，进深约28米，建筑面积约320平方米。

1.8.2 现状照片

1.9 赤南县三区三乡苏维埃政府旧址

1.9.1 历史背景

旧址原为斑竹园镇漆店村徐王庙，2018年被金寨县人民政府列为金寨县重点文物保护单位。建筑整体呈背山面水之势，背靠山丘，面朝河流滩涂，视野开阔。建筑为“两进三重”式院落布局，面阔三间，具体分为前殿、中殿、后殿，后殿前方有一处翘脚楼，形态优美。目前建筑整体保存良好，但由于年代久远、缺乏管理，院内环境较为杂乱，部分建筑构件老化。

1.9.2 现状照片

1.10 刘邓大军挺进大别山、刘伯承驻地旧址

1.10.1 历史背景

旧址位于斑竹园镇沙堰村。1947年7月，刘邓率部12万余人，从河北转战山东，于8月27日抢渡淮河，直插大别山腹地，到达河南商城；9月初，三纵八旅翻越狗迹岭到达金寨地区；9月1日解放金家寨，3日攻克立煌县重镇流波、麻埠。刘邓大军挺进大别山时，刘伯承率部在此驻扎过。旧址为一栋独栋建筑，后期经过修缮，现为砖木结构。

1.10.2 现状照片

1.11 漆海峰故居

1.11.1 历史背景

漆海峰故居位于斑竹园镇，2017年旧址被金寨县人民政府列为金寨县重点文物保护单位。建筑整体呈背山面水之势，现存4栋建筑，2处庭院，主要结构为砖石结构。由于年久失修、缺乏管理，建筑围墙已有部分倒塌，庭院杂乱无章，建筑构件也有老化。

1.11.2 现状照片

2 古碑镇

2.1 六安六区苏维埃政府旧址

2.1.1 历史背景

旧址在古碑镇街道西北角，紧邻古碑镇王湾小学，1979年被金寨县人民政府列为金寨县重点文物保护单位。革命期间作为苏维埃政府办公之地，之后袁氏族人进行重修，重修后起初被用作家族祭祀的场所。

建筑靠近山丘，景色秀丽，环境整体较好；祠堂建筑已经成为学校的一部分，处于学校的西北角；建筑整体保存完整，为“一进两重”式院落布局，红瓦灰墙；祠堂正立面为鲜艳的木制红门，左右有石狮子各一座；祠堂墙面有8个烙金大字“模范六区，英雄袁家”，尽显袁家先辈对革命事业的支持和贡献。但是建筑的屋面、墙体色彩、内部结构形式均与原风貌不同，真实性有待考究。

2.1.2 现状照片

2.2 六县联席会议旧址

2.2.1 历史背景

旧址位于古碑镇街道，原为关帝庙。1930年，为加强党的领导，进一步掀起工农武装割据斗争的新高潮、迅速创建皖西革命根据地，六安中心县委决定在七邻湾关帝庙召开六县和红三十三师联席会议，3月17日在关帝庙召开了筹备会，随后会议正式开始。会议依据中央的最新文件以及六县的群众基础、经济状况，总结了过去的革命经验，明确了接下来的革命任务。2018年，旧址被安徽省人民政府公布为安徽省重点文物保护单位。

旧址背靠山丘，地基相对平坦，周围环境相对较好，正门外有一小型广场；建筑整体保存较好，为“一进两重”式院落布局，有正殿一间，偏殿两间，左右各有偏房两间；建筑主体为砖木结构，屋顶为硬山形式；正门为木制双开门，三级台阶，庄重威严；正殿内为方砖地面，院落内为青砖铺地，且有下水系统；前殿内供有关帝像及其他人物塑像。

2.2.2 现状照片

2.3 红十一军三十三师师部旧址

2.3.1 历史背景

旧址位于古碑镇南畈村陈家畈，原为陈家老屋，2019年被金寨县人民政府列为金寨县重点文物保护单位。据当地居民所述，旧址原本规模宏大，是一处典型的皖西古建筑群，此宅原本为陈氏家族所有，后变卖给袁氏，革命期间作为红十一军三十三师师部使用。约十年前，老宅还有很多户人家居住，保存还较为完整，但后来居民陆续搬离此处，直至近几年老宅损毁严重，现已荒废，急需抢救性修缮。

建筑位于村子内部，正门前一条水泥路穿过；正门墙体斑驳，部分风化，左右各有一个通风口，屋顶为硬山形制，保存相对完整；建筑内部杂乱，堆积了农业生产工具和其他杂物；建筑为砖木结构，采用木制承重柱和木制横梁，但大部分已有腐朽之状；正堂摆放着棺木，天井处较为潮湿，正堂和天井地面长有青苔，两侧偏房或堆放杂物或摆放棺木，残损较为严重；外部其他建筑物或倒塌或残损破败，有些甚至已无迹可寻，仅余下破砖烂瓦和零散石块；建筑周围杂草丛生，环境相对恶劣。

2.3.2 现状照片

2.4 六安六区六乡苏维埃政府旧址

2.4.1 历史背景

旧址位于古碑镇南畈村，原为桂氏宗祠，革命期间作为苏维埃政府办公地，后经过修缮，现仍作为桂氏一族祭祀的场所，2018年被安徽省人民政府公布为安徽省重点文物保护单位。

建筑位于道路一侧，背靠山丘，依地形而建，环境相对较好；建筑为“一进两重”式院落布局，南北向为前殿和后殿，东西向有偏房各一座，中间为一庭院，有台阶逐级而上可进入正殿；建筑外墙为青砖垒砌，保存较好，几乎无斑驳脱落；屋顶为硬山形制，屋脊装饰华丽，石雕精美呈左右对称状，部分墙面有精致彩绘图案，正门为木制双开门，正门两侧各有一偏门；建筑内部的前殿和后殿为方砖铺地，院落内为青砖铺地，四角香炉居于其中。屋内装饰华丽，木制门窗较新，四梁八柱皆为木制，是后期修缮加固的结果；院落东西两侧各有新建小门通往偏房。

2.4.2 现状照片

2.5 六安六区五乡列宁小学旧址

2.5.1 历史背景

旧址位于古碑镇黄集村，原为黄氏祠。六安六区五乡列宁小学创办于1930年2月，停办于1932年冬。黄集村列宁小学由当时的苏维埃政府工作人员陈希格、汪永财、王德芬等人筹办，并开设算术、国语、音乐、体育等课程，就学人员有100多人。1932年秋，学校有30余名学生随红四方面军西征，后20余名学生陆续参加赤卫队和红军游击队坚持敌后抗战。

2018年，旧址被安徽省人民政府列为安徽省重点文物保护单位。建筑位于地势较高地带，门前有一广场，建筑周边为青砖铺地；整体保存较完整，为“一进两重”式院落布局，南北向为前殿和后殿，东西向有偏房各一座；建筑外墙由青砖垒砌，严整平坦，屋顶为硬山式，门前有台阶，人可逐级而上进入室内；建筑内部为砖木结构，修缮过后的木制门窗华丽而不失古朴。

2.5.2 现状照片

2.6 古南乡民主政府驻地旧址

2.6.1 历史背景

旧址位于古碑镇司马村楼房组，原为何氏宗祠，革命战争期间为古南乡民主政府所在地。旧址整体保存完好，内部空间丰富、装饰华丽、雕梁画栋、古色古香，现作为何氏一族和当地村民进行宗族活动的场所。

2012年，旧址被六安市人民政府公布为六安市重点文物保护单位。建筑整体保存较完整，灰墙黛瓦，气势庄严；建筑门前为一广场，正门有左右石狮子各一座，大门为红色木制双开门；建筑为“一进两重”式院落布局，南北向为前殿和后殿，前殿东西两侧有偏房各一座，后殿东西两侧有偏殿各一座；建筑整体为砖木结构，内部红色木制的四梁八柱仍然坚固，室内和院落为方砖铺地，整体环境庄严、古朴、典雅；建筑外墙和室内的石雕、木雕华丽精美，丰富多样，保存得十分完整。经统计，建筑内部共有64个柱础，其中有32对各不相同，且均有石质雕刻，造型精美。另外，廊柱之间的穿插枋上均有精美浮雕，种类丰富，寓意美好。

2.6.2 现状照片

2.7 六安六区五乡五村苏维埃政府旧址

2.7.1 历史背景

旧址位于古碑镇陈冲葛家楼，曾为六安六区五乡五村苏维埃政府办公所在地，2018年被安徽省人民政府列为安徽省重点文物保护单位。

旧址依地势而建，背靠山丘，周边环境一般；建筑大门为木制双开门，左右各有一扇木制窗户，人可由台阶逐级而上进入室内；建筑门房经过修缮，保存一般，正房同样为木制双开门，左右各有一扇窗，室内为水泥地面，由不锈钢栏杆围护的展示墙诉说着那段光辉的历史；院落围墙较低矮，地面长满青苔。由于旧址位于一座山腰上，较为隐蔽且交通不便，目前处于闲置状态。

2.7.2　现状照片

2.8　六安六区五乡苏维埃政府旧址

2.8.1　历史背景

旧址位于古碑镇街道，比邻古碑镇的一所幼儿园，2017年被金寨县人民政府列为金寨县重点文物保护单位。旧址为“一进两重”式院落布局，经过修缮，现作为林氏宗祠使用。建筑前殿为三开间，高耸大气，后殿朴实端庄。

2.8.2 现状照片

3 关庙乡

3.1 商城县三区四乡苏维埃政府旧址

3.1.1 历史背景

旧址原为关庙乡胭脂村东岳庙，于2018年被金寨县人民政府列为金寨县重点文物保护单位。旧址现存一栋独立的建筑，面阔三间，砖木结构，硬山顶。由于建造年代久远，部分建筑结构已老化，建筑表面的抹灰也已基本脱落。东岳庙西侧还有一座新建的“两进三重”式庙宇。

3.1.2 现状照片

3.2 鄂豫皖省委会议旧址（三义祠）

3.2.1 历史背景

旧址原为关庙乡大埠口村三义祠（陈氏祠），2017年被六安市人民政府公布为六安市重点文物保护单位。1933年9月26日，鄂豫皖省委书记沈泽民抱病躺在担架上，参加在大埠口陈氏祠召开的省委紧急会议。省委根据皖西根据地沦陷、敌人主力转移到皖西北、鄂东北之敌减至5个师等情况，决定令红二十五军立即返回鄂东北，红八十二师留在皖西北地区，继续坚持武装斗争。建筑经修缮后，目前整体保存良好，呈“一进两重”式院落布局，面阔三间，砖木结构，硬山顶，正院东侧有一处偏院，另有偏房5间。

3.2.2 现状照片

4 花石乡

4.1 六安六区七乡苏维埃政府及六区独立团旧址

4.1.1 历史背景

1930年，七邻召开农代会，选举产生了六安六区苏维埃委员会，委员会主席为周世开，下辖14个乡苏维埃政府，六安六区七乡苏维埃政府就设在花石乡花石村王氏祠。1930年12月，队伍以六区游击大队为基础，成立了六安六区独立团，独立团常驻王氏祠。

旧址于2017年被金寨县人民政府列为金寨县重点文物保护单位。建筑坐北朝南，为“一进两重”式院落布局。经过修缮，建筑整体保存完好，主体为砖木结构，雕梁画栋，古典优雅。室内地面以条石铺地，院落地面铺以鹅卵石，步道为砖石铺设。笔者经实地调查发现，旧址在后期维护上较为匮乏，院落内部杂草丛生，周边的环境有待进一步提升。

4.1.2 现状照片

4.2 中共鄂豫皖区委员会旧址

4.2.1 历史背景

旧址位于花石乡花石村，原为汪家老屋。1938年8月，安徽省工作委员会机关随同新四军第四支队立煌兵站进驻汪家老屋。根据党中央指示，1939年3月撤销安徽省工作委员会，成立中共鄂豫皖区委员会。在中共中央中原局的领导下，委员会继续武装民众，发动游击战争，建立抗日根据地。在这里，彭康和黄岩负责举办了三期党员骨干培训，为革命输送了大批优秀的人才。汪家老屋原有房屋50间，后遭破坏，现存门楼和厅堂共37间，厅堂设陈列室，用来陈列抗日战争时期的革命文物。1981年，旧址被安徽省人民政府公布为安徽省重点文物保护单位。

汪家老屋为一座多进院的民居，主轴空间布局严谨，井然有序，左右伴以偏院、偏房，建筑结构为砖木结构，外部窗花美观大方，室内雕梁画栋、装饰精美。天井与连廊相伴，庭院与绿植相佐。整个建筑群坐北朝南，背靠青山，面朝山谷开阔之地，门前不远处有一条河流经过，符合古人讲求的背山面水的风水格局。

4.2.2 现状照片

4.3 六安六区十四乡苏维埃政府旧址

4.3.1 历史背景

旧址位于金寨县花石乡大湾村，原为汪家祖宅。汪家祖宅是汪氏一族的家宅，汪氏最早起源于商代，历史悠久，是我国姓氏中的大姓。东汉末年，汪文为会稽令，居住在歙县。根据汪氏族谱记载，大湾村汪氏一族来源于汪文的十四世孙汪华的第七子之后，在明朝时期迁至六安，大湾村汪氏一族由此而来。革命战争期间，汪家祖宅为苏维埃政府所在地。1938年，中共安徽省工委驻汪家祖宅，随后有彭康、李世农等一大批革命人士在此办公、训练。

汪家祖宅，坐西北朝东南，四面环山，小溪相绕，这是人们习惯的选址：背山面水，符合传统选址要求。旧址于2016年被金寨县人民政府列为金寨县重点文物保护单位。建筑平面主要分两大片，即为西片建筑和东片建筑。西片建筑建成较早，平面布局不规整，以前厅为中心向西边延伸；东片建筑建成较晚些，平面呈长方形，较为规整。西片与东片均有门屋、大厅、后堂、厢房、厨房等建筑。门屋主要为大门、门厅功能；大厅主要为家族聚会议事功能，为公共场所；后堂用于放祖先牌位，为祭祀、供奉祖先之地。建筑功能齐全，整体依山势而建，一进比一进高。汪家祖宅占地面积约3000平方米，现存古建筑面积约1600平方米（不含阁楼），其中新建、改建楼房8幢。

4.3.2 现状照片

5 槐树湾乡

5.1 李开文故居

5.1.1 历史背景

李开文故居位于槐树湾乡响山寺村，比邻响山寺。2012年，李开文故居被金寨县人民政府列为金寨县重点文物保护单位。整个建筑坐北朝南，背靠山体，面朝山谷开阔地带，外墙保存完好，为砖混结构，两层三间，内部有李开文生前的生活场景展示，厨具、寝具一应俱全。建筑周围有红色展览专栏、新建旅游厕所等，设施完善。

5.1.2 现状照片

5.2 康烈功将军故居

5.2.1 历史背景

康烈功将军故居位于槐树湾乡兴田村，现已荒废。2018年，旧址被金寨县人民政府列为金寨县重点文物保护单位。旧址包括一间堂屋、两间厢房、一间厨房。堂屋部分尚存；右侧厢房已经坍塌殆尽，剩余部分也破损严重，随时有坍塌的可能；厨房部分屋顶已经坍塌过半，结构已经不完整。建筑周围环境疏于管理，较为杂乱。

5.2.2 现状照片

6 梅山镇

红二十五军军政机构旧址

历史背景

中国工农红军第二十五军是在金寨这块红土地上诞生、发展、壮大起来的一支鄂豫皖苏区红军主力部队，是有着坚定的革命信念和明确的党性观念的人民军队，在不懈的奋战中，鄂豫皖、鄂豫陕革命根据地得以创建，从而为中国革命的胜利立下了不可磨灭的功绩。为了起到更好的宣传教育效果，金寨县人民政府组建鄂豫皖红军纪念园，其中就有红二十五军军政机构旧址。2009年，旧址被金寨县人民政府列为金寨县重点文物保护单位。

红二十五军是一支英雄的部队。在血与火的考验中，从红二十五军走出来一批人民军队的高级将领。这些高级将领为党、为人民、为国家和人民军队建设立下了丰功伟绩，赢得了人民的钦佩，是鄂豫皖人民的骄傲！

鄂豫皖红军纪念园位于金寨县城新区南侧，规划面积为5平方千米，目前拥有革命历史陈列馆、宣传教育基地、影视基地、旅游休闲区等建筑设施。园区位于一处低山山谷地带，借助地形地貌，园区划分为5大功能区：

（1）入口景观区。园区由连接映山红大道的道路引导进入，道路两侧植有花卉，绿树成荫，营造了一种幽静庄重的氛围。

（2）革命历史文化长廊区。革命历史文化长廊区系统全面地阐述了金寨县革命历史的发展脉络。

（3）核心旧址复建区。核心旧址复建区帮助人们集中便捷地了解金寨县重要革命传统建筑的风采。

(4) 传统老街恢复区。金寨县的传统老街主要有金家寨和麻埠两个地方，让人们近距离体验老街风情，领会皖西建筑的空间、艺术美学。

(5) 娱乐休闲区。其作为整个园区的辅助功能区，在为游客提供丰富多样的红色文化体验的同时，保障游客的其他各种需求。

园区目前总共建成项目7处，分别为红二十五军军政机构旧址、红二十八军重建旧址、抗战时期安徽省政府旧址、红三十二师成立旧址、六英霍暴动总指挥部旧址、红军阁、红二十五军和红二十八军合编地旧址。

红二十五军军政旧址为一处“一进两重”院的“厢包正”布局，整体形式为砖木结构。门房为两层，正殿与厢房均为一层，建造风格庄重，构件使用朴实，庭院空间整洁大方。门窗主要为木质结构，基调为红色，彰显红色革命气息。红二十五军军政机构旧址作为园区内的一个重要组成部分，其保护利用的模式为博物馆的方式，展示内容也最为齐全。整个旧址布置合理，展陈内容翔实丰富。标识设施、卫生条件都较为完善，有专人维护管理。

现状照片

施工现场
游客止步

7 南溪镇

7.1 商城县二区苏维埃政府旧址

7.1.1 历史背景

旧址位于南溪镇汪冲村，原为汪氏宗祠，后被用作苏维埃政府驻地，新中国成立后被用作小学，之后旧址损毁，汪氏一族人将其重修。左厢房为上海闸水城建公司捐助修建，右厢房被改为一处建堂纪念碑，记录了祠堂来历、革命期间做出牺牲和贡献突出的人物事迹以及修建祠堂的过程。近年来，旧址被用作学校，2020年下半年不再招生办学。2017年，旧址被金寨县人民政府列为金寨县重点文物保护单位。

据当地居民描述，旧址原本为“两进三重”式院落布局，砖木结构，现只有一进院落。原本门房及中殿被拆除，改建为一处钢筋混凝土结构的两层楼房，室内外地面用水泥砂浆铺设。门房为两层钢混结构建筑，屋面为传统平屋面；后殿为仿古建筑，瓦屋面配有铝合金门窗，屋顶有屋脊吻兽，立面有雕刻、题字。

7.1.2 现状照片

7.2 红二十八军重建旧址

7.2.1 历史背景

土地革命时期，在鄂豫皖革命根据地诞生的中国工农红军第二十八军是一支具有传奇色彩的队伍，它历经创建、重建、再建，在大别山转战长达5年之久，为我国的革命事业做出了重大贡献。

1933年7月，鄂豫皖苏区第五次“反围剿”斗争遭受挫折。同年10月，中共皖西北道委在金寨境内的吕家大院召开扩大会议，决定在红二十八军第八十二师和红二十五军余部的基础上再次组建红二十八军。徐海东任军长，郭述申任政委，全军共2300余人，第十支主力红军由此在金寨建立。会议从实际出发，制定了军事的行动方针；决定了红二十八军和第一、二、三路游击师的活动范围，做到互相配合，共同斗争。红二十八军重建后，皖西北地区的游击战争开展顺利、战果丰硕，皖西北根据地得到了恢复和发展。吕家大院会议对于扭转皖西北地区的严峻形势、恢复发展皖西北革命根据地和壮大主力红军队伍起到了决定性作用，为红二十五军长征胜利奠定了坚实的基础。

旧址位于南溪镇，原为吕家大院。2018年，旧址被安徽省人民政府列为安徽省重点文物保护单位。该建筑为“两进三重”式院落布局，主轴分前、中、后三殿，两侧无厢房。主入口两侧分别布置广场，周边现存一定数量的自建房。建筑整体为砖木结构，保存状况较好，局部经过水泥抹面修缮。屋顶为传统硬山式屋顶，屋脊有装饰构件。门、窗均为深褐色木制结构，局部有破损、脱落现象。左侧院墙后方紧挨有一处居民自建的彩钢瓦建筑，一定程度上破坏了建筑的整体协调性。现阶段建筑院落空间缺乏维护管理，较为杂乱。

7.2.2 现状照片

7.3 洪学智将军早期革命活动地旧址

7.3.1 历史背景

旧址位于南溪镇，原为蔡氏宗祠。据当地居民描述，2004年之前，蔡氏祠堂作为当地花园小学使用，后蔡氏族人与政府协商，花园小学就近搬迁，蔡氏族人重新购回祠堂并进行重修。现蔡氏宗祠一进院为蔡氏一族人私有，东侧偏院为公有。旧址于2017年被六安市人民政府列为六安市重点文物保护单位。

该建筑为“一进两重”式院落布局，前、后主殿与偏殿、厢房围合成四合院，并通过廊道进行联系。在主殿东侧另设有偏院，用作后勤杂院。祠堂主入口设有台阶以解决高差。建筑整体经过大面积翻修，立面已采用文化砖砌筑，白色水泥抹缝。内部门窗等构件经过重新刷漆，状况较好。偏院未经翻修，保留原生态。在紧挨祠堂东侧由政府投资加建一处庭院，包括一座后殿、一处厢房、一个入口大门、一圈围墙。建筑整体保存良好，祠堂为一进院布局，门房三间，左右厢房各五间，后殿五间。

7.3.2 现状照片

7.4 红日印刷厂旧址

7.4.1 历史背景

旧址位于南溪镇王畈村，原为吴氏宗祠。目前旧址仍作为吴氏族人祭拜祖先的场所。笔者根据当地居民的描述以及现场调查了解到，旧址在革命战争期间是政府印刷厂所在地，两侧的厢房以前被作为校舍使用，目前厢房内还存有黑板等教学设施，部分房间曾作为厨房使用。正殿供有祖先牌位与塑像。旧址于2018年被安徽省人民政府公布为安徽省重点文物保护单位。

该建筑为“一进两重”式院落布局，主轴分前、后两殿，周边与偏殿、厢房围合成四合院，并通过游廊进行联系。祠堂选址在一处山谷平坦地带，视野开阔，周围民居环绕。由于山势呈西北至东南走向，受地形的影响，旧址具有良好的通风、采光朝向，在风水格局上是一处难得的佳地。基地顺应山体走向，呈东偏南20度左右方向。祠堂大门在“相位”上有一定的考究，大门为了朝向远处的一座山丘，建造的时候特意往北偏移10度左右。建筑整体为传统砖木结构，外立面经过修缮，细部精美，视觉观感佳。建筑内部由于缺乏维护管理，许多木构件出现变形、表皮脱落等问题，两侧厢房墙体存在大面积返潮、墙皮脱落等现象，屋顶破损、漏水严重，亟待整修。建筑庭院亦缺乏整修与管理，目前处于荒置状态，较为杂乱。

7.4.2 现状照片

7.5 商城县二区十一乡苏维埃政府旧址

7.5.1 历史背景

旧址位于南溪镇三道河，原为廖氏宗祠。目前旧址主要作为廖氏一族祭祀的场所。据当地居民介绍，每年正月初一、十一月初三，祭祀者络绎不绝。2012年，旧址被金寨县人民政府列为金寨县重点文物保护单位。

该建筑为“一进两重”式院落布局，三面环山，正面朝向山谷开阔地带。除门房外，两侧厢房、后殿均已倒塌，后在原建筑的基础上得到复建，基本保持了原有的形制与样貌。前殿、后殿与左右厢房围合成四合院，并通过游廊进行联系。建筑主入口处设置有前广场供人员集散。建筑外立面经过修缮，整体状况良好，无脱落开裂等现象。

7.5.2 现状照片

7.6 红二十八军医院、明强小学旧址

7.6.1 历史背景

旧址位于南溪镇林氏宗祠，该祠曾作为明强小学、红二十八军医院、红三十二师师部、中共商城南溪特别支部、商城县工农革命委员会，历史功能繁多。2018年，旧址被安徽省人民政府公布为安徽省重点文物保护单位。

该建筑为“两进三重”式院落布局，主轴分前、中、后三殿，厢房分列两侧，以游廊进行联系，整体布局严整有序、主次分明，院落空间感强烈。建筑整体为砖木结构，地坪整体经过后期修缮，现为混凝土地面。屋面为传统青瓦屋面，屋脊装饰构件完好，门、窗均为传统本制结构。建筑整体已经过修缮，保存状况较好。

7.6.2 现状照片

7.7 立夏节（商南县）起义旧址

7.7.1 历史背景

立夏节（商南县）起义旧址位于金寨县南溪镇丁家埠街道东南侧，原为大王庙，是著名的“立夏节起义”策源地。2006年，大王庙被国务院列为全国重点文物保护单位，它是广大人民群众、革命先驱、共产党人不懈奋斗的见证。周维炯等革命先辈领导的伟大运动，促进了豫东南乃至鄂豫皖革命根据地的建立，也培育了一大批革命将领，意义重大。

大王庙为“两进三重”式院落布局，前院门房一座，中殿两侧各有一处偏殿，后殿一座，厢房两处。建筑整体保存较好，细节修缮到位，装饰雕刻美观大方，景观小品适宜，结构构造合理。目前中殿作为饭堂进行展示，展示内容包括餐具、桌椅、蓑衣帽具等。两侧偏殿作为重要人物居室进行展示，如吴承阁、张瑞生等人，室内布置床柜、桌椅等。右侧偏殿尽端作为伙房，厨具一应俱全。二进院厢房作为团丁宿舍进行展示，主要为商城县民团，展示内容包括通铺、桌椅等，厢房尽端也作为重要人物居室进行展示，如周维炯等人。正殿主要展示立夏节起义事件的相关内容，包括事件经过、起义武器装备、重要人物塑像等。

大王庙经过修缮，除了依托建筑本体进行保护利用以外，工作人员在建筑的周边环境营造上也下了很多功夫。大王庙正前方布置了一系列的展示空间，包括广场、立夏节起义纪念浮雕、景观长廊等。旧址周边文物标识牌、景观标识牌、路线指引设施、卫生设施、负责人联系标识牌等一应俱全，醒目别致。作为一处全国重点文物保护单位，大王庙在展示陈列内容、环境景观营造、设施设备布置等方面都非常适宜完备，值得其他文物保护单位借鉴。

7.7.2　现状照片

7.8 商城县二区四乡苏维埃政府旧址

7.8.1 历史背景

旧址原为南溪镇麻河村张氏祠，2012年被金寨县人民政府列为金寨县重点文物保护单位。建筑为“两进三重”式院落布局，西侧有一处偏院，两座厢房。主体建筑面阔三间，砖木结构，硬山顶。经过修缮，现建筑保存良好，外墙采用真石漆，屋顶用灰色瓷瓦覆面。

7.8.2 现状照片

7.9 红三十二师红军总医院旧址

7.9.1 历史背景

旧址原为南溪镇江家山闵家老屋，2017年被金寨县人民政府列为金寨县重点文物保护单位。

1929年立夏节起义胜利后，红三十二师在果子园徐氏祠成立了红军医院。随着红军战斗的转移，红军医院迁至江家山闵家老屋。1930年扩大为鄂豫皖红军第二后方医院。医院有中西医务人员30余人，设有门诊部、住院部。随着红军队伍的发展壮大，医院规模也逐步扩大。建筑整体三面被山丘围绕，面朝水塘，形成背山面水的格局。旧址为“一进两重”式院落布局，面阔三间，砖木结构，东侧有厢房5座。经过修缮，建筑目前保存良好。

7.9.2 现状照片

8 沙河乡

8.1 邓小平、李先念等领导同志视察工作旧址

8.1.1 历史背景

旧址坐落在沙河乡楼房村下楼房，原为周氏老宅。2012年，旧址被安徽省人民政府列为安徽省重点文物保护单位。1947年8月，刘邓大军千里跃进大别山时，邓小平、李先念、李达等同志在此设立指挥部，居住近半年时间，并度过了1948年的元旦和春节两个重大节日，是刘邓大军在我省活动的重要场所。整栋建筑呈背山面水的格局，背靠山陵，面朝水塘，为多近院的建筑布局，面阔三间，砖木结构，东侧厢房退让出一个较大的庭院，目前整体保存状况较好。

8.1.2 现状照片

8.2 周维炯旧居

8.2.1 历史背景

周维炯是红军早期军事领导人、鄂豫皖根据地创立者之一。周维炯旧居位于沙河乡楼房村。2012年，旧址被金寨县人民政府列为金寨县重点文物保护单位。现存一栋面阔三间的建筑，砖木结构，屋顶瓦片使用的是当地传统建筑中最常见的小青瓦。旧址经过修缮，目前保存状况良好。

8.2.2 现状照片

8.3 刘邓大军驻地旧址

8.3.1 历史背景

旧址原为沙河乡楼房村七进古民居，古宅有35间，占地面积约1000平方米。古宅坐西朝东，依山临水而建，大门旧有对联：远望黄眉文峰静，近闻青山泉气香。全部房屋是以天井为中心围合的院落，高宅、深井、大厅，按功能、规模、地形灵活布置，富有韵律感。宅居七进，进门为前庭，中设天井，后设厅堂住人，厅堂用中门与后厅堂隔开，后厅堂设一堂二卧室，堂室后是一道封火墙，靠墙设天井，两旁建厢房，这是第一进。第二进的结构仍为一脊分两堂，前后两天井，中有隔扇，有卧室4间、堂室2个。后三至六进，结构皆如此。一进套一进，形成屋套屋。徽派建筑与豫南民居群房一体，独具一格的马头墙采用高墙封闭、马头翘角，墙面和马头高低进退、错落有致。青山、绿水、白墙、黛瓦是徽派建筑的主要特征之一，在质朴中透着清秀，表现出富于美感的外观整体性。

8.3.2 现状照片

8.4 刘邓大军前线指挥部警卫团驻地旧址

8.4.1 历史背景

旧址原为沙河乡楼房村周氏宗祠。2017年，旧址被六安市人民政府列为六安市重点文物保护单位。周氏宗祠既是1947年刘邓大军千里跃进大别山时的前线指挥部警卫团驻地，又是周维炯等革命烈士的启蒙学校旧址，还是《八月桂花遍地开》的作者罗银青从事地下活动的私塾点。建筑整体三面被山丘环绕，面朝开阔的农田；呈“两进三重”式院落布局，面阔三间，东西侧共有厢房4间，砖木结构，硬山顶。建筑经过修缮，保存情况较好。

8.4.2 现状照片

9 双河镇

9.1 洪学智故居

9.1.1 历史背景

开国上将洪学智1913年2月2日出生于安徽省金寨县双河镇黄鹄村。洪学智是优秀的共产党员，久经考验的共产主义战士，无产阶级革命家、军事家，我军现代后勤工作的开拓者。1955年和1988年，他两次被授予上将军衔。他曾荣获中华人民共和国一级“八一勋章”、一级“独立自由勋章”和一级“解放勋章”。在抗美援朝战争中，洪学智还荣获朝鲜民主主义人民共和国一级国旗勋章1枚、一级自由独立勋章2枚。

洪学智将军故居原址因1958年修建梅山水库被淹没，2013年在复建河西村小河口中心村庄时得到建设。故居门前小桥流水，绿树掩映，背后群峦叠翠，令无数游人流连忘返。

故居经复建后,现有茅草屋、草棚、院落、门房各一处，主体建筑为茅草屋，进入正门为门厅，主要用来展示洪学智将军一生的事迹，左右两侧均为卧室，紧挨主体房屋东侧为厨房，室内地面为混凝土浇筑，墙体内部为砖混结构，外部泥浆抹面（约2厘米），屋顶为木构加茅草，围绕主体房屋正面及西侧围墙有一宽40厘米、深30厘米的暗沟用于排水。主体建筑为双坡屋面，厨房形制为单坡茅草屋。建筑构件多为木质，保存状况良好。

9.1.2 现状照片

9.2 商城县二区苏维埃政府和二区模范学校旧址

9.2.1 历史背景

旧址位于双河镇街道，原为双河大庙。据记载，双河大庙始建于隋朝，在唐至明时期经历了三次重修，香火不断，双河大庙成了当时文化交流、商品交易、宗教祭祀的圣地。革命年代，这里曾作为地方武装力量的根据地，建立了苏维埃政府和学校。解放战争时期，大庙被烧毁，新中国成立后得到重修。目前大庙作为祭拜的场所，供奉着大量的神仙塑像。

据记载，大庙在鼎盛时期共有田产500余亩，道士20余众，庙宇99间半。后经战乱，屋宇损毁严重。几经修缮后，大庙现存殿宇54间，后又加建部分门楼、宿舍等，但是整体规模已经不能与鼎盛时期相比。在对大庙进行修缮的时候，为了最大程度展现其原本的样貌，工作人员在大庙山门的修建上增加了36级台阶和立于左右的汉白玉狮子，门楼书有“东岳府”三个遒劲大字，彰显大庙的非凡气势。

9.2.2 现状照片

東嶽殿

10 汤家汇镇

10.1 赤城县苏维埃政府政治保卫分局旧址

10.1.1 历史背景

姚氏祠始建于咸丰八年（1858），大小祠堂18间，前殿正屋3间，两边各一小间，中殿正屋3间，东头一小间，后殿正屋3间，两边各建偏房3小间。目前旧址现存3栋建筑，两进院落，前殿已不复存在，只有一处院落和加修的大门，中殿、后殿、偏房各3间保存质量良好，雕饰精美。

1931年春，中共鄂豫皖特委决定在鄂豫皖特区苏维埃政府和各县苏维埃政府中设置政治保卫局和革命法庭。1931年7月，商城县苏维埃政府在姚氏祠成立商城县苏维埃政府政治保卫分局。1932年2月，商城改名赤城，保卫分局改为赤城县苏维埃政府政治保卫分局。后赤城划分为赤城、赤南两县。汤家汇为赤南县所辖，原赤城县苏维埃政府政治保卫分局一区代办处扩建为赤南县苏维埃政府政治保卫分局，设侦察、审讯、保管等科和保卫队及二、三、四区代办处，全局130余人，办公地点仍在姚氏祠。1934年冬，政治保卫局建制撤销，其人员编入一路游击师。新中国成立后，汤汇乡政府和汤汇公社医院曾经在这里办公，直至20世纪70年代末。2012年，旧址被安徽省人民政府列为安徽省重点文物保护单位。

10.1.2 现状照片

10.2 赤南县一区十二乡苏维埃政府旧址

10.2.1 历史背景

旧址位于汤家汇镇竹畈村，原为张氏祠。据张氏家谱所载，元朝末年，社会纷争，受战争、瘟疫的影响，先祖加入移民大军之中，从江西至固始，后集迁至商城南山蔡家店，由此家族入皖。新中国成立至今，后人不忘祖先，修订家谱，体现敬祖爱族之心。经后人募集款项，修缮张氏祠。2017年，旧址被金寨县人民政府列为金寨县重点文物保护单位。

张氏宗祠建筑宏伟，占地面积约3000平方米，前后两重“厢包正”共22间，四周群山环抱，室内长廊联通各室。2012年，重建张氏宗祠的提议得到了族人宗亲的普遍欢迎，张行立、张行柱、张守传、张铭启4人成立了重建祠堂的筹备组。历时300天，雄伟的宗祠在旧址基础上拔地而起，所有的建筑门窗均采用了仿古风格，使用钢筋水泥的仿古梁柱、彩色琉璃瓦顶。修缮后的张氏宗祠虽然坚固防雨、防潮湿，不再担心风霜雪雨的侵蚀，但是在建筑的材料以及外立面的造型上面与原有样貌存在较大的差异，建筑的真实性受到了一定程度的损失。笔者经调查发现，建筑周边目前较为杂乱，建筑垃圾和修建材料没有得到及时的处理和合理的堆放。

10.2.2 现状照片

10.3 赤南县苏维埃政府旧址

10.3.1 历史背景

立夏节起义成功后，商城县工委会成立，之后又设置赤城县、赤南县，其中汤家汇的廖氏太守祠就成为赤南县苏维埃政府办公地。1933年，这里曾作为红二十五军接待处和伤员安置场所，也曾作为粮仓，存放大量的军粮。解放战争时期，刘邓大军曾在此驻扎。新中国成立后，这里被用作汤汇公社、粮站等，继续发挥着重要作用。2012年，旧址被安徽省人民政府列为安徽省重点文物保护单位。

廖氏太守祠位于汤家汇镇街道的北部，始建于清道光九年（1829），占地面积约1000平方米，建筑样式为明清宫廷式结构。建筑整体为“一进两重”“厢包正”的布局。庭院空间开阔，步道笔直。建筑目前正在修缮当中，结构、装饰基本延续原有形制。建筑门前有一处宽阔的广场，东南侧有一条幽深的小路，其余面紧挨周围民居建筑。

10.3.2 现状照片

10.4 豫东南道委、道区苏维埃政府旧址

10.4.1 历史背景

旧址原为接善寺，位于红军街东南端。接善寺建立之初名为祖师庵，相传明末时期由于农民起义，祖师庵毁于战火。清乾隆三十七年(1722)，此寺院重修，改名接善寺；后又经修缮扩建，房屋数量增至30间，总体布局为东西两处院落，通过一处圆门联通，正殿3间、门楼一座，院落、殿堂等都由走廊相连，屋内供奉着神像或牌位。建寺之初，寺门外植有古柏、银杏等树，增添了寺院古朴幽静的气息。

1932年夏，为了加强苏区党的领导和促进根据地的建设，适应新的反“围剿”斗争，根据鄂豫皖省委指示，建立了豫东南道委和道区苏维埃政府。同年8月，豫东南道委将赤城县划分为赤城和赤南县。与此同时，豫东南道委机关迁驻汤家汇的接善寺。1932年年底，由于红四军主力撤出鄂豫皖苏区，鄂豫皖省委指示豫东南道委、道区苏维埃政府和皖西北道委、道区苏维埃政府合并，统称皖西北道委、道区苏维埃，仍驻汤家汇的接善寺。随后鄂豫皖根据地形成，其内设机构齐全，分工精细，下辖有赤色邮政局、保卫局、红军医院、少共县委、武器修配站、红日印刷厂、总工会、中心县委等单位。作为革命时期地方首府机关所在地，接善寺的建筑群体布局满足了这一使用功能需求。2006年，旧址被国务院列为全国重点文物保护单位。目前，旧址充分发挥了其建筑规模宏大带来的优势，保护利用方式主要有展示陈列、教育宣传、场景重现、参观体验等。

旧址建筑质量良好，结构完整，装饰朴实厚重。旧址主要划分为6个展区，贯穿整个汤家汇革命史，展示内容丰富翔实。展区还使用了电子信息技术辅助展示，如影像、电子导游实时讲解、音频复原体验等。有专人全天候管理，保证每日免费向游客开放。

10.4.2 现状照片

10.5 商城县总工会旧址

10.5.1 历史背景

廖氏三柏祠，又名三辈祠，始建于咸丰元年（1851）。中国共产党的地下组织早年就在汤家汇建立了基层工会组织，引导地方革命活动。

立夏节起义后，三柏祠曾作为工人代表大会召开地，袁汉铭在此作政治报告，成立了商城县总工会。高克文兼任总工会主席，总工会有5人正常办公，组织协调各区的工人运动。会后，南溪、吴家店、铁冲等地成立分会。

1931年6月，根据皖西北特区总工会成立会议精神，商城县总工会对各级组织进行了整顿，健全各区工会，部分乡成立工会小组，县、区工会委员会设委员长、秘书、委员等职位，设有组织、宣传、经济等部门，在同级党委领导下开展工作。2012年，旧址被安徽省人民政府列为安徽省重点文物保护单位。

旧址坐落在汤家汇镇红军街内，为“两进三重”式院落布局，左右无厢房，每重3间，占地面积约500平方米。旧址前有一处开阔的广场，门前有花池引导，3座建筑沿路排列，布局紧凑、风格古朴。

10.5.2 现状照片

10.6 赤城县邮政局旧址

10.6.1 历史背景

汤家汇作为红色沃土，革命运动活跃。为了便于联系各个地方革命组织，传递党的最新消息，相关部门在汤家汇设立邮局，驻徐氏祠，由此赤城县邮政局诞生。邮政局由汪局长负责，其妻协助工作，下设7个支局，机构设置合理、业务范围广泛、信件交换严密。赤城县邮政局作为鄂豫皖地区的联络机构，为党组织的发展壮大起到了重要的推动作用。徐氏祠作为全国仅存的两所赤色邮政局旧址之一，于2006年被国务院列为全国重点文物保护单位，另一处在江西瑞金。

徐氏祠位于汤家汇镇街道北头组，建筑面积为900余平方米，是一座颇具徽派建筑风格的宗祠。建筑为“一进两重”式院落布局，前殿与后殿有连廊连接，布局紧凑。整座建筑虽然规模不大，但是形态优美、布局完整，正门面向红军街，其余3面均与民居相连。经过修缮，旧址真实地反映了革命时期的邮局状态。

10.6.2 现状照片

10.7 中共赤城县委、县总工会旧址

10.7.1 历史背景

1932年8月，为了适应反“围剿”斗争的需要，皖西北道委将商城划为赤城、赤南两个县。赤城县委在汤家汇镇钟氏祠办公，其主要工作是组织地方武装进行反“围剿”的斗争，以此支援红军，进而保卫红色根据地。1932年年底，县委搬迁至银山畈陈氏祠。

旧址于2017年被金寨县人民政府列为金寨县重点文物保护单位。旧址原为“一进两重”式建筑，现存前殿和一处偏殿，后殿已消失，基础尚存。截至目前，旧址仍在修缮当中，周围建筑为镇工会所在地。工会处于搬迁状态，房屋部分倒塌，内部环境较为杂乱。

10.7.2 现状照片

10.8 少共豫东南道委、少共赤南县委、红军医院旧址

10.8.1 历史背景

易氏祠位于汤家汇街道笔架山路左侧，始建于清朝乾隆年间。20世纪20年代，上海的青年学子陆续回乡参加革命活动。立夏节起义后，金寨地区先后建立了9个团体组织，随后在汤家汇易氏祠成立了少共豫东南道委、少共赤南县委，领导地方青年运动。中共商罗麻特别区境内先后建立了多所红军医院，易氏祠作为红军后方医院，接治过众多的伤病员。易氏祠大门门框上有一幅“打倒蒋介石，我们有饭吃”的标语，至今仍清晰可见。

抗日战争后期，笔架山大庙被国民党焚烧，农职学校迁入易氏祠。新中国成立后，易氏祠成为汤汇公社辅导区小学、汤汇公社、汤家汇镇政府办公所在地，继续发挥它的重大作用。旧址于2012年被安徽省人民政府列为安徽省重点文物保护单位。

易氏祠整体为“两进三重”式院落布局，砖木结构，设计合理，规模宏大，气势雄伟。经过多次维修，建筑目前保存完整，共有屋宇10座、庭院3处。建筑布局严谨，空间紧凑，造型古朴。入口处的广场、古松树和台阶彰显了祠堂的地位。

10.8.2 现状照片

10.9 红军武器修配站旧址

10.9.1 历史背景

石氏祠位于汤家汇太平地西侧的一个小山洼里，距镇政府向西1千米处，上下各三间，占地面积约400平方米，保存完好。这里是红军枪械局、武器修配站旧址。立夏节起义胜利后，随着红军革命根据地的开辟，县、区、乡各级苏维埃政府分别建立武装力量。1930年，红二十五军成立独立团、赤卫军、游击队等地方武装，队伍越来越壮大。但红军缺少枪支、弹药，打起仗主要靠长矛、大刀。为了给迅速壮大的红军和地方武装力量不断补给武器弹药，各地纷纷成立造枪局（所），修理枪械、制造弹药。旧址于2017年被金寨县人民政府列为金寨县重点文物保护单位。

旧址呈“两进三重”“厢包正”的格局。建筑周围杂草丛生，外部道路为水泥路，周围没有排水渠。内部庭院为碎石铺砌道路，由于疏于管理，庭院内长有杂草。建筑为砖木结构，内部木构架为“抬梁式”。目前建筑整体情况保存良好，但是缺乏管理，部分标识设施已经损坏，字迹不清。

10.9.2 现状照片

10.10 赤南县六区苏维埃政府旧址

10.10.1 历史背景

旧址位于汤家汇镇笔架山村，原为王氏宗祠，2012年被安徽省人民政府列为安徽省重点文物保护单位。旧址紧邻笔架山村新时代文明实践广场，四周绿植环绕，环境优美，是对广大群众开展爱国主义教育活动的首选地，也是开展舞龙、舞狮、花灯、花鼓、黄梅戏、广场舞等文艺活动的好场所，在日常生活中发挥了丰富群众精神文明生活的良好作用。

旧址为“一进两重”式院落布局，背山面水，布局合理，环境优美。建筑临近村部，交通便利，管理也相对到位，整体保存良好。笔者在调查时发现，建筑门屋内堆有大量修缮用的工具和材料，未能及时得到处理。

10.10.2 现状照片

10.11 金寨县早期党组织诞生地旧址

10.11.1 历史背景

旧址位于汤家汇镇笔架山村，原为笔架山大庙，1915年改为商城县笔架山甲种蚕桑科学校。校长郑养吾，字水心，秀才出身，学识渊博，教学有方。校内有思想进步的詹谷堂（请来讲学）、罗志刚，有学识丰富的余仲勉、汪子蜀、田甫青，他们先后组织进步青年加入共产党。随后，学校成立了金寨地区第一个党组织。此庙因成立共产党组织于20世纪30年代后期被国民党烧毁。

现存建筑为2019年相关部门在旧址上重新修缮所得，目前工程已经完成过半，左侧仍然还有部分居民没有搬迁，但是政府已经为居民就近建造了房屋。存留的自建房是在原有大庙的基址上修建的，目前基址清晰可见。东侧院内的建筑目前还未修缮，基址尚存。建筑整体呈多进院格局，为三开间“抬梁式”砖木结构，内部庭院的主轴线道路为条石铺砌，庭院两侧则为碎石铺砌。建筑外墙、梁柱、门窗均采用古法进行修缮。

10.11.2 现状照片

10.12 中共商城县委旧址

10.12.1 历史背景

旧址位于汤家汇镇东北处的一个洼地里，原为何氏宗祠。革命期间这里曾为商城县委所在地，领导地方革命运动。旧址于2012年被安徽省人民政府公布为安徽省重点文物保护单位。

旧址原为“一进两重”式院落布局，周边整体状况不佳，庭院与门前道路杂草丛生，且道路不畅，行走不便。目前后殿左侧偏殿坍塌消失，基址尚存，围墙采用红砖砌筑，与原有形制不同。除正殿供奉着塑像之外，其余房间均闲置，且由于缺乏管理与维护，楼地面、屋架、木构都遭受了不同程度的损坏。

10.12.2 现状照片

10.13 赤南县赤卫队队部旧址

10.13.1 历史背景

旧址位于汤家汇镇笔架山村。笔者依据建筑修缮记录与当地居民描述得知，旧址以前被称作华俨寺，当地居民也称其为薛家山大庙，文物标识牌中记录为雪山大庙。此庙已有百年历史，是当地居民祭拜祈福之所。但目前旧址已看不出以前作为赤南县赤卫队队部的任何痕迹。旧址于2017年被金寨县人民政府列为金寨县重点文物保护单位。旧址门前有一棵古银杏树，据说已有800多年历史，为建筑增添了浓郁的历史气息。

旧址现保存良好，砖木结构，整体为一进合院，4栋建筑，门房3间，东西厢房各5间，正殿3间，每间房均供奉着相应的神佛塑像。门房与正殿建筑色彩以及用料材质一致，左右厢房由于是后期修缮，色彩、形制、材料均与之前有所不同。旧址整体在一处两米多高的平台上，院内空间连续，布局紧凑。

10.13.2 现状照片

10.14 鄂豫皖省委会议旧址（胡氏祠）

10.14.1 历史背景

旧址位于汤家汇镇豹迹岩村胡家小湾，原为胡氏宗祠。该祠始建于1909年，至今已逾百年历史。1934年，红二十五军与红二十八军在胡氏祠会师，全军战士约3000人，长征期间是到达陕甘革命根据地的第一支红军，有“长征先锋”的美誉。剿匪期间，徐海东带领驻军作战英勇，目前祠堂二进殿东墙面还书有“活捉匪首刘镇华”的口号。2001年，拍摄电影《大将徐海东》时，徐氏后人来到胡氏祠，缅怀先烈。

目前胡氏祠是人们探古访幽、领略中国古祠建筑艺术的好去处。1981年，旧址被安徽省人民政府列为安徽省重点文物保护单位。2006年，旧址被国务院列为全国重点文物保护单位。

旧址面积约1200平方米，是典型的徽派建筑风格的祠堂类建筑。经过修缮后，旧址现保存良好，砖木结构，为“两进三重”式院落布局。左右厢房倒塌消失，没有重修，基址尚存。建筑三面环山，一面朝向山谷开阔地带，景观视线良好，内部装饰精美、木柱林立；后殿角楼四周木柱雕刻华丽，造型优雅；角楼凿井有盘龙浮雕，大气庄重。除了建筑本体的保护修缮外，旧址周边还修建了一处红二十五军纪念园，空间序列包括架在水塘上方的步道、上升台阶、纪念平台、红二十五军纪念雕塑、中国工农红军二十五军老同志名册纪念墙等。整个纪念园空间紧凑连续，与旧址遥相呼应。

10.14.2 现状照片

10.15 刘邓大军二纵野战医院旧址

10.15.1 历史背景

旧址位于汤家汇镇瓦屋基村，原为一处民居。2019年，旧址被金寨县人民政府列为金寨县重点文物保护单位。旧址背靠山陵，面朝水塘，形成了背山面水的建筑格局。旧址为“两进三重”式院落布局，左右两侧布有厢房，面阔三间，砖木结构。由于建造年代久远，建筑部分构建已经出现不同程度的损坏。

10.15.2 现状照片

10.16 红二十八军八十二师驻地旧址

10.16.1 历史背景

旧址位于汤家汇镇豹迹岩村黄氏祠。地方政府出资修缮，供所有黄姓人士祭拜，目前此祠还在使用。2019年，旧址被金寨县人民政府列为金寨县重点文物保护单位。

旧址目前保存完整，为“一进两重”式院落布局，左右无厢房，正殿供奉着黄氏族人牌位，整体布局紧凑简单。目前旧址左右两侧均有一处居民自建房。

10.16.2 现状照片

10.17 豫东南红军第二医院旧址

10.17.1 历史背景

旧址位于汤家汇镇豹迹岩村，原为邓氏祠。该祠始建于清朝嘉庆年间，距今已逾200年的历史。该祠坐北朝南，为“两进三重”式院落布局，外加厢房三院，四周走廊环绕，整个建筑飞檐翘角，雕梁画栋，粉墙硫瓦，古朴典雅，是典型的明清皖西古建筑风格。

立夏节起义后，先后组建了红三十一师、三十二师，并成立了红色苏维埃政权，建立了革命根据地。随着红军队伍的发展壮大，当时后方医院建设规模也逐步扩大，到1932年年初共有2个总院、21个分院和1个中医院，其中包括鄂豫皖红军第二后方总医院，简称“红军二医院”。它是由1929年年底在南溪江家山成立的商南红军总医院改编而成的，当时有中西医务人员30余人，后来迁址到现在的邓氏祠。邓忠羲为该院院长，他将紧邻邓氏祠的18间廖家老屋作为伤病员疗养用房。据不完全统计，从1929年年底至1932年秋的4年间，医院共救治各类伤员2000余人，为当地群众进行大小手术1000多例，安抚红军流失人员近千人，捐粮300余担，捐献银圆500余块，使一大批负伤红军战士伤愈归队，重返前线。

邓氏祠在开展医疗救护的同时还积极宣传革命真理，被作为当时的“列宁二小”。革命先烈周维炯、詹谷堂等人在此宣传革命真理；李忠源、邓延忠、邓忠娥等一大批地方领导在此接受教育，投身革命，从此走上了革命的道路；在该祠居住后成为开国少将的邓忠仁将军、清贫出身的原六安军分区副政委周时月大校、时任童子团团长后成为西藏军区司令员的陈培毅老首长等许多仁人志士都在这里接受过教育。新中国成立后，旧址曾被用作小学校址和村部，2012年被安徽省人民政府列为安徽省重点文物保护单位。

旧址经过修缮，保存完好，建筑内部空间连续，庭院宽敞整洁。辅助设施齐全，构架、屋面、装饰完整庄重。旧址三面环山，一面向水，前方广场左右各有一棵古松树，再向前为一汪水塘，布局连续考究，增添了旧址庄重古朴的氛围。

10.17.2 现状照片

10.18 红军医院住院部旧址

10.18.1 历史背景

旧址位于金寨县汤家汇镇豹迹岩村，原为廖氏老屋，是一座典型的皖西古民居建筑。该建筑始建于清朝，距今约200余年历史，依山傍水，庄园特色明显。据当地居民介绍，旧址在民国时期曾经历过两次劫难：一次是有不法之徒想烧毁老屋，柴堆已经堆放满屋，但是后来被人阻止，没能得逞；另一次是在“文革”期间，老屋曾作为牛棚、猪圈、木柴堆放之处，但是突发火灾，紧靠墙体的屋外柴堆已经燃烧，好在没有引燃屋内柴堆，老屋得以幸存。2017年，旧址被金寨县人民政府列为金寨县重点文物保护单位。

10.18.2 现状照片

10.19 赤南县一区六乡苏维埃政府旧址

10.19.1 历史背景

旧址位于汤家汇镇泗道河村高冲舒湾组，原为舒氏祠。1929年至1932年在此设立苏维埃政府和列宁中心小学，属革命旧址。2017年，旧址被金寨县人民政府列为金寨县重点文物保护单位。

据当地居民介绍，旧址是一处庙与祠堂相连的建筑群，二者共用一座大门，入门左侧一进院落是庙，唤作白衣庵庙；右侧一进院落是舒氏宗祠。20世纪60年代，庙被用作学校，名为高冲小学，后就近迁址于庙的西南侧，近年来荒废。目前，庙与祠堂均还在使用中。

旧址坐西向东，始建于清道光十年（1830）。上下殿各6间，前3间花门楼，外加围墙，共3幢，另有南北厢房各7间，共有2个院落，占地面积约1500平方米。1935年，旧址被民团烧毁，1943年得以重建。目前旧址整体完整，右侧有民居紧邻，两者协调性不高。建筑门前有一个广场，右侧有一棵古树，增添了整体建筑庄重的氛围。

10.19.2 现状照片

10.20 商城县一区六乡苏维埃政府旧址

10.20.1 历史背景

旧址位于汤家汇镇金刚台村，原为余氏一族的宗祠，后作为苏维埃政府驻地。据旧址内一位看护的老人介绍，在20世纪三四十年代，中殿曾被国民党毁坏过，后经过修缮。2017年，旧址被金寨县人民政府列为金寨县重点文物保护单位。

旧址为“两进三重”式院落布局，经过修缮现整体保存完好，内部空间丰富多样，庭院、天井、角楼等应有尽有。内部环境营造适宜，但多数空间目前闲置，只有个别房间布置了展示内容。整个建筑古朴庄重，其余房屋基本延续了原有的建筑形制。屋顶、屋脊吻兽、屋架木构门窗都经过修缮更新，墙体基本维持原状。旧址的后厢房内存有原本的屋脊吻兽与一扇木质门窗，据看护老人介绍，这是被保存下来的为数不多的构件，其余均被损坏，可以看出原本的装饰部件精致美观。

10.20.2 现状照片

敦本堂

10.21 中共商南县委成立地旧址

10.21.1 历史背景

旧址位于汤家汇镇金刚台村，原为一座古民居，现在作为省级传统村落保护示范点，目前有一位老人居住在内。旧址对于研究皖西地区民居建筑的特征，是一个很好的案例。金刚台坐落于豫皖边界线上，地势险要，自古乃兵家必争之地。战国时期，军事家苏秦游说六国，结成军事同盟，曾亲临金刚台视察。清咸丰五年（1855），捻军领袖张乐行率部在金刚台建立根据地，大战僧格林沁后撤离。金刚台因有梅子河而得名，2012年改名金刚台村，是中共商南县委成立地旧址。

建筑现为“两进三重”式院落布局，整体保存相对完整，但是局部房屋已有坍塌的迹象。建筑为砖木结构，砖多为土坯砖。古民居的院落布局与建筑结构对于研究皖西地区的民居特征具有重要意义，但是目前建筑的状况不容乐观，部分木构架腐朽严重，墙体倾斜、砖石脱落，部分屋顶破损，亟须保护修缮。

10.21.2 现状照片

10.22 三年游击战争时期红二十八军驻地旧址

10.22.1 历史背景

旧址位于汤家汇镇瓦屋基村，原为余氏宗祠。据当地居民介绍，旧址在革命期间有大量红军驻扎，20世纪五六十年代曾作为粮站使用，60年代以后作为学校（闵家冲小学）使用。2019年，旧址被金寨县人民政府列为金寨县重点文物保护单位。

旧址现由三个部分组成，中间“一进两重”式建筑为余氏宗祠，右侧一进院为余氏一个分支的家庙，左侧厢房为余氏一族人后来集资修建。宗祠内部原本装饰富丽堂皇，“文革”期间很多砖雕、木雕、门窗都被拆除破坏，残存的部件被居民放置于正殿内，虽然落满灰尘，但是雕工的精美还是能够辨识出来。右侧偏院内环境较差，杂草丛生，房间内除了供奉的祖先牌位外，其余物品堆放杂乱无章。前殿经过修缮为前部廊道布局，与中间宗祠相连，极不协调。左侧厢房在原基址上加建，采用红砖砌筑，材料、形制与原貌有所区别，协调性不高，且房间多闲置。整体来说，中部宗祠保存一般，右侧较差，左侧为新建，协调性有待提高。旧址的组合布局在金寨县内并不多见，整体建筑的价值仍然存在，建筑群也亟须进一步的保护修缮。

10.22.2　现状照片

10.23 赤城县六区一乡列宁小学旧址

10.23.1 历史背景

旧址位于大别山主峰之一金刚台脚下的瓦屋基村，古朴幽雅。列宁小学建校已有80余载，它孕育了众多革命志士和现代化建设的人才。1961年旧址被安徽省人民政府列为安徽省重点文物保护单位，2006年被国务院列为全国重点文物保护单位。

列宁小学创建于1930年春，当时学校共有6个班，学生有180余人。校长由原六区一乡苏维埃政府主席、共产党员周德谦兼任，教师4人、兼职教师5人，他们中大多是红军干部。当时的教师和学生既是师生关系，又是革命同志，互相尊重，共同提高。课程有国语、算术、常识、音乐、体操等。当时校舍为30间瓦房，桌椅一部分来自没收的豪绅地主的家具，一部分为师生自己上山砍树加工制作，课本大多是教师自编。当年根据地编印的国语课本《列宁小学校歌》《读书歌》《童子团歌》等油印件以及红袖章、梭镖和“六区一乡列宁小学校”校匾都保存完好，已成为珍贵的国家文物。列宁小学自诞生以来，培养出的学生很多在党政机关工作。毕业参加革命工作幸存并被授予将军军衔的学生有5位，分别为周纯麟、邓忠仁、吴作启、陈明义、程明。

现如今的列宁小学一方面作为全县爱国主义教育基地，激励着下一代人缅怀先烈、热爱祖国；另一方面，其自身的教学质量不断提高，为祖国的现代化建设输送了一批又一批的杰出人才。

旧址周围群山环绕，环境优雅，现已不作为学校使用，主要作为展示参观场所，学校就近迁到村内的新建校址。旧址为一座“两进三重”式建筑群，共有房间34间，相关设施齐全，防火箱、介绍牌、标识牌、指引设施都较为完整。目前旧址内只有西侧两处厢房有展示内容。笔者经实地调查发现，旧址管理人员为周其峰，同时也是一位民间收藏家，他将自己收藏的老式生活物件以及其他藏品引入列宁小学内进行展示。这种做法在一定程度上弥补了列宁小学展示内容空洞的不足，也吸引了一定数量的参观人员，在充实了列宁小学精神内涵的同时，也起到了很好的宣传效果。民间收藏家依托重要革命传统建筑进行藏品展示的做法，可以在一定程度上解决金寨县重要革命传统建筑展示内容匮乏的问题，值得我们学习与推广。

10.23.2 现状照片

不忘初心牢记使命

10.24 红二十八军、刘邓大军驻地旧址（一）

10.24.1 历史背景

旧址位于汤家汇镇瓦屋基村佛山李老湾银佛山脚下，原为铜佛寺。该寺坐北向南，寺前有一株近800年历史的银杏树，高大粗壮，每到落叶时节，金黄色的银杏树叶笼罩大地，甚是壮美。寺庙建于清朝乾隆年间，新中国成立前这里作为私塾使用。革命战争时期，寺庙作为红二十八军、刘邓大军驻地，新中国成立后也被用作学校使用。建筑布局为“一进两重”式，西边厢房，占地面积约500平方米，原房屋雕梁画栋、古色古香、布局合理。寺内目前前殿供有弥勒佛、正殿供有释迦牟尼佛，佛像左右供有天王等神像。据当地居民介绍，此处释迦牟尼佛像已有千年历史，色彩仍然艳丽。前殿早先被焚毁，后来得到重新修建。厢房内布置有厨房，其余房间空置。旧址目前整体保存良好，但是缺乏管理人员的维护，内部环境有待整理。建筑木构架有腐朽迹象，亟须维护。建筑立面修缮时使用了真石漆，一定程度上使建筑丧失了原真性，效果不佳。

10.24.2 现状照片

10.25 红二十八军、刘邓大军驻地旧址（二）

10.25.1 历史背景

旧址位于汤家汇镇瓦屋基村佛山李老湾银佛山脚下，原为李氏宗祠。该祠为“一进两重”式院落布局，紧邻铜佛寺，目前整体保存完整，李氏族人每到节日时都会在此祭祀，革命战争时期作为红二十八军、刘邓大军驻地。

祠堂周边基地多为泥泞土壤，庭院空间尺度适中，院中留存的大树增添了古朴幽静的氛围。墙体采用灰白色砖石，局部采用红色砖石。庭院地面较为潮湿，落叶堆积、杂草丛生。墙体底部贴近地面的地方有裂缝，木门、木柱等由于年久失修，已出现腐朽褪色的现象。

10.25.2 现状照片

10.26 红二十八军、刘邓大军驻地旧址（三）

10.26.1 历史背景

旧址位于汤家汇镇瓦屋基村佛山李老湾银佛山脚下，原为李家老湾古民居。李家老湾古民居占地面积为6400平方米，始建于明朝，前后施工20余年，距今已有300余年的历史。革命战争年代，李家老湾古民居作为红军后备资源储地和军用品生产地，为革命事业的开展提供了保障。2019年，旧址被金寨县人民政府列为金寨县重点文物保护单位。

李家老湾古民居坐落在伏山脚下，属皖西古建筑风格，对于研究皖西民居建筑群具有重要意义。建筑群为多进院落布局，内部现居住多户人家。这个建筑群院落层叠，空间层次丰富，装饰雕刻技艺高超，具有很高的艺术价值。目前多数建筑得以保存，但是由于缺乏管理以及专项保护，部分房屋已经倒塌，建筑结构部件、立面老化严重，亟须保护。

10.26.2 现状照片

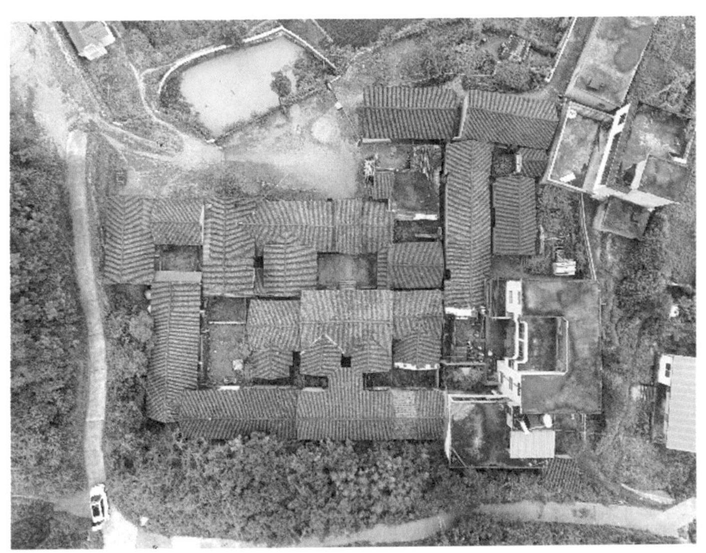

10.27 红一军独立旅驻地旧址

10.27.1 历史背景

旧址位于汤家汇镇瓦屋基村，原为晏家老湾古民居。2019年，旧址被金寨县人民政府列为金寨县重点文物保护单位。晏家老湾古民居始建于清朝，距今已有200余年的历史。晏氏祖先凭借瓦屋基得天独厚的地理、人文优势，建造此宅。解放战争时期，刘邓大军转出大别山外线进行作战，国民党军趁机进行疯狂的“清剿”，百姓遭到残害，随后金寨县北武装集团开赴晏家老湾，以此为据点，进行反“清剿”的斗争。

晏家老湾古民居占地面积约为1800平方米，共有房间89间，依山而建，门前视野开阔，古树伴其左右。晏家老湾古民居布局严谨、空间丰富、用料考究，室内雕梁画栋、装饰精美，是典型的皖西古建筑群风格。民居呈多进院的布局，传承着“耕读绵延”的家族观念。建筑外墙面为双层墙面，内部以木制结构为主。建筑内部大小院落有十余处，建筑之间由回廊相连，空间层次丰富，浑然一体。

10.27.2 现状照片

10.28 赤南县红军独立团团部旧址

10.28.1 历史背景

1932年8月，中共赤南县委、县苏维埃政府成立后，为配合主力红军坚持苏区斗争，在金刚台脚下成立了赤南县红军独立团。程德方任独立团团长，全团500余人，转战商南地区。团部设在瓦屋基村（原泗道河乡佛山村）程氏祠内。后程氏祠大部分房屋被国民党部队烧毁，只剩下3间。经当地群众献工献料、捐款捐物，旧址得到了重建，现程氏祠保存有房屋12间。2017年，旧址被金寨县人民政府列为金寨县重点文物保护单位。

旧址背山面水，前方是一处山谷地带，视野开阔。旧址为“一进两重”“厢包正”的建筑布局，整体经过修缮，基本延续原有的建筑形制，采用砖木结构、方砖墁地、石质墙面。目前旧址仍在修缮当中，笔者调查时，前广场有机械在进行施工作业。

10.28.2 现状照片

赤南县红军独立团
团部旧址

10.29 刘邓大军伤病员驻地旧址

10.29.1 历史背景

旧址位于汤家汇镇，2019年被金寨县人民政府列为金寨县重点文物保护单位。旧址三面环山，面朝水塘，呈背山面水的建筑格局。旧址为“两进三重”式院落布局，东西侧有厢房，面阔三间，砖木结构。现存建筑保存情况良好，局部经过修缮。

10.29.2 现状照片

10.30 商城县游击队成立及洪学智将军参军地旧址

10.30.1 历史背景

旧址位于汤家汇镇文昌宫，紧邻汤家汇镇康养中心。2017年，旧址被六安市人民政府公布为六安市重点文物保护单位。

旧址为“一进两重”式院落布局，砖木结构，左右无厢房。建筑朝汤家汇镇中心方向，前方为田野，视野开阔，整体保存完整。由于疏于管理与维护，室内空间没有得到合理的利用，周边杂草丛生，目前处于闲置状态。

10.30.2 现状照片

10.31 刘邓大军泗河驻地旧址

10.31.1 历史背景

旧址位于汤家汇镇泗道河村吴中湾，原为一处民居建筑，现有一户人家在此居住，系民居主人。据老人介绍，老屋已经有300多年历史，曾作为刘邓大军的军队驻地，也是军队医院所在地，很多伤员在此疗养。2019年时还有一位老兵亲自来到曾经战斗过的地方，与屋主人进行了交谈。目前老屋还未得到相应的保护利用，但据老人介绍，此前已有相关工作人员对老屋的现状进行调查并测绘。

旧址建筑整体保存较差，呈多进院式院落布局，外部道路为泥地面。由于年久失修，建筑已有部分外围倒塌，庭院为素土地面，墙面由土坯砖砌筑而成，屋顶为黑瓦铺砌，门窗为木质结构。整体来看，建筑的布局相对完整，主入口有“相位”之法。据民居主人介绍，主入口大门为了对应远处的一座山丘，将大门偏移了10度左右。由于缺乏及时的保护，部分房屋已经趋于坍塌。但是其适宜的庭院空间、精美的建筑构件以及高超的建造工艺，对于研究皖西民居建筑的特征具有很重要的意义。

10.31.2 现状照片

10.32 刘邓大军野战医院旧址

10.32.1 历史背景

旧址位于汤家汇镇泗道河村方冲组，原为曹氏祠。1929年12月，商南地区普遍建立乡村苏维埃政权，汤家汇为商城县一区，辖12个乡，泗道河为一区六乡。乡苏维埃政府由高冲舒氏祠迁至泗道河曹氏祠，主席为张功立，党支部书记先后为周维海、毛玉章。

1932年2月，商城县更名为赤城县，8月赤城县分为赤城、赤南两县。汤家汇划作为赤南县一区，曹氏祠仍为一区六乡苏维埃政府所在地。苏维埃政府的主要任务是发动群众参军、支援前线、慰问伤病员，进行土地改革，成立赤卫队，打击土豪劣绅，镇压反革命。战争时期，曹氏祠也曾作为刘邓大军野战医院使用。2012年，旧址被安徽省人民政府列为安徽省重点文物保护单位。

建筑为“两进三重”式院落布局，坐西朝东，早前经过数次修缮，现在整体状况良好。内部庭院宽敞，种有绿植，但是疏于管理，杂草丛生，且建筑构件有老化的迹象。屋内除正殿供奉着曹氏祖先牌位外，其余房间或闲置，或堆放杂物。据当地居民介绍，祠堂厢房曾被作为学校校舍（曹冲小学），21世纪初不再作为校舍使用。

10.32.2 现状照片

曹氏祠

10.33 中共赤南县委、县苏维埃政府旧址

10.33.1 历史背景

旧址位于银山畈村陈祠组陈氏祠，坐西向东，始建于清光绪三十四年（1908）。2017年，旧址被金寨县人民政府列为金寨县重点文物保护单位。

建筑为“两进三重”式院落布局，坐西朝东，两侧无厢房，房屋共有9间，占地面积为500平方米。建筑背靠山体，面朝小溪，门房华丽大气，视野开阔，景色宜人。建筑经过修缮，木构架崭新朴实，装饰简约。旧址虽然防护、说明措施一应俱全，但是管理尚有待加强，游客参观时，无人看护，很难进入建筑内部，这也是金寨县重要革命传统建筑存在的一个普遍问题。

10.33.2 现状照片

10.34 赤南县五区四乡苏维埃政府旧址

10.34.1 历史背景

旧址位于汤家汇镇银山畈村彭冲，原为彭氏祠。1932年夏，为了加强苏区党的领导和根据地建设，适应新的反“围剿”斗争，根据鄂豫皖省委的指示，建立了豫东南道委和道区苏维埃政府。8月，豫东南道委又将赤城县划分为赤城、赤南两县，赤南县辖7个区，赤南县五区四乡苏维埃政府由此在彭氏祠成立。2018年，旧址被金寨县人民政府列为金寨县重点文物保护单位。

祠堂主体保存较完整，匾额、门楹、屋脊、雕饰等仍清晰可见。建筑立面主要使用了砖石材料，充分展现了皖西建筑的地域风格。祠堂的屋顶均为硬山顶，屋脊装饰较少，简洁大方。立面门窗尺度合宜，镂雕技艺精湛。建筑基址较高，内部庭院空间开阔，建筑廊道、庭院相得益彰。

10.34.2 现状照片

10.35 赤南县五区战斗营驻地旧址

10.35.1 历史背景

旧址位于汤家汇镇上畈村朱湾组，原为朱老湾古民居。1932年冬，鄂豫皖省委依据战争形势的变化，指示皖西北道委创建红二十八军新主力。中共赤南县委在组建一路游击师的同时，着手成立各区战斗营。朱家湾位于上畈村东北部，在金寨县最西端，处于大别山腹部，仅有河东一条水泥路对外联系。相传朱家湾是朱姓所居，始建于明朝，后由于家道衰落卖给赵姓，赵姓卖给黄姓，黄姓卖给吴姓，吴姓居住至今，村落仍保留朱姓名称。

古民居依山而建，三面环山，另一面面向山谷开阔地带，周围树木林立，郁郁葱葱。建筑群坐北朝南，占地面积为6500平方米。建筑群内屋宇众多，类型丰富，有戏楼、庭院、花园、游廊等等；外部有公共场地，用作稻场、碾米场等。目前民居主体部分已经得到很好的保护，但是左侧厢房与后殿没有得到修缮，现已倒塌大半，有些只留下基址。古民居背靠山体，后山有几户居民自建房屋，造型与古民居类似，有一定的契合度。

10.35.2 现状照片

10.36 红军村旧址

10.36.1 历史背景

旧址位于汤家汇镇斗林村，原为李家老湾古民居，亦被叫作斗林古寨。斗林古寨坐落在金刚台正南面，海拔1200米。据祖辈老人传说，斗林古寨是商城南面第一神仙寨。相传在元末时期，朱元璋从小给舅舅家放牛，伙同小伙伴们把牛杀吃了，牛尾巴插在地上，他回家和舅舅讲，牛钻土了。舅舅不信，来到放牛的地方，用力拔牛尾巴。这位神仙学牛叫，解了朱元璋吃牛肉的围。这位神仙身形高大，到了斗林坐在斗林山头上，脚放在斗林寨寨脚下洗脚，后来人们将神仙洗脚的地点称为“洗脚河”，即现在斗林李家老湾后西面的一条河。革命战争时期，古民居曾作为红军衣帽厂和大别山游击队根据地。笔者调查发现，建筑群正在修缮中。据悉，修缮后的旧址将作为民间艺术展出、红色文化宣传之地。2018年，旧址被安徽省人民政府列为安徽省重点文物保护单位。

李家老湾古民居总占地面积约为6500平方米，属于典型的皖西民居建筑风格。民居始建于明朝，距今已有300余年的历史。建筑群依山而建，具有明显的庄园特征。建筑内部布局严谨，环境优雅，井然有序。

10.36.2 现状照片

10.37 刘邓大军后方医院旧址

10.37.1 历史背景

旧址位于汤家汇镇斗林村，原为刘氏宗祠。1947年秋，刘邓大军一部攻打商城县城，其后方医院曾设于门坎山刘老湾，刘氏祠成为伤病员驻地。附近农户家及刘氏祠住满伤病员，到1948年5月伤病员才全部归队，医院撤离。新中国成立后，刘氏祠成为村部、村小学。2012年，旧址被安徽省人民政府列为安徽省重点文物保护单位。

旧址整体呈“两进三重”式院落布局，建筑前广场左侧有一戏台，右侧有一陵园，广场周围建有围墙。经过修缮的建筑外立面以灰色砖墙为主，屋顶覆以灰色瓦片，门窗也多为木质。

10.37.2 现状照片

10.38 红二十五军驻地旧址

10.38.1 历史背景

旧址位于汤家汇镇胡家老湾，原为一座古民居。2018年旧址被金寨县人民政府列为金寨县重点文物保护单位。1934年4月13日，鄂豫皖省委在汤家汇胡氏祠召开会议，作出“对红军二十五及二十八两旧部完全编为二十五军”的决定。1934年4月16日，红二十五军和红二十八军在胡氏祠会师；次日，根据鄂豫皖省委4月13日“对红军二十五及二十八两旧部完全编为二十五军”的决定，红二十八军重新编入二十五军，红二十八军与红二十五军合编后，红二十五军驻扎于胡家老湾。旧址目前仅存前屋1栋、厢房1栋；前屋面阔三间，为抬梁式结构。旧址三面被居民包围，另一面紧临水塘，经过修缮，现存建筑状况良好。

10.38.2 现状照片

10.39 红十一军第三十二师被服厂旧址

10.39.1 历史背景

旧址位于汤家汇镇斗林村。2019年，旧址被金寨县人民政府列为金寨县重点文物保护单位。旧址位于一处低洼地带，周围被农田环绕，杂草丛生。建筑为“一进两重”式院落布局，东西各有一处厢房。由于疏于管理，旧址损毁较为严重，前殿坍塌过半，东西厢房基本坍塌损毁，后殿现为一处新建建筑。

10.39.2 现状照片

11 吴家店镇

11.1 立夏节起义总指挥部旧址

11.1.1 历史背景

旧址位于吴家店镇西7千米太平山村，原为穿石庙，2006年被国务院公布为全国重点文物保护单位。

1927年，中共派遣地下工作人员以教师、做工身份为掩护，在这里宣传革命思想，组织群众力量。饥寒交迫的工农群众觉醒了，决心团结起来，砸烂旧社会的铁锁链，做新社会的主人。1928年，穿石庙地方的贫苦人民组成“兄弟会”，这是在共产党领导下的初期革命活动组织，参加的成员有：廖炳国、徐其虚、徐思庶、萧方、阮小成、张少金、汪永金、周德法、漆成文、汪永根、田念波、罗炳纲、汪品清、周维炯、漆风台、陈寿国、陈延生、廖允荣，时称“十八兄弟会”，他们经常聚会讨论兵运和起义工作。1929年春，根据革命斗争形势的发展，党组织在穿石庙召开会议，决定将起义时间定在立夏节举行，并成立了指挥部，李梯云、徐子清、萧方、徐其虚、漆海峰、周维炯、廖炳国、漆轩昂等同志分别负责起义总指挥、军事行动、交通联络等工作。5月6日（农历三月二十七日）立夏节晚，一夜之间革命风暴席卷丁家埠、南溪、汤家汇、吴家店、西河桥、斑竹园、包家畈等地，起义胜利的工农武装从四面八方涌向穿石庙，集聚太平山，继而到斑竹园组成中国工农红军第十一军第三十二师。由穿石庙点起的革命星星之火，迅猛燃成燎原之势，它动摇了鄂豫皖边区的反动政权，穿石庙也因此成为立夏节起义的策源地。

穿石庙青灰色的庙宇依山就势，建造得十分巧妙。穿石庙紧靠一座天然石墙，石墙高出殿脊约6米。这巨龙似的石墙东西走向，与正殿平行，向西一直延伸到对面山上，顺山脊直上，长达300余米。更为奇特的是石墙上有个3米见方的石洞，飞鸟、游人均可从石洞穿过，“穿石庙”故而得名。

11.1.2　现状照片

11.2 商城县三区十三乡苏维埃政府旧址

11.2.1 历史背景

旧址位于吴家店镇长源村，曾作为区苏维埃政府所在地，目前主要作为罗氏家族祭祀的场所。2017年，旧址被金寨县人民政府列为金寨县重点文物保护单位。

经过修缮，旧址目前保存完好，为“两进三重”式院落布局。旧址坐西朝东，门前有一处水泥广场，入口处有一座书有“罗氏宗祠”的石刻。为了方便使用，当地居民在旧址的北侧加建3间平房并用院墙围合成一座庭院。旧址在修建时采用了钢筋混凝土结构去模仿砖木结构，外立面饰以淡黄色油漆，屋面使用红色瓷瓦铺面，整体颜色较为艳丽，与原有建筑风貌不同，原真性有所缺失。

11.2.2 现状照片

11.3 革命先驱罗洁故居

11.3.1 历史背景

革命先驱罗洁故居坐落于吴家店镇长源村。罗洁于1872年诞生在这个村庄内，他早年胸怀救国之志，20岁时自费留学于日本东京经纬学校。其间，罗洁与黄兴、邹容等革命志士交往甚密，倾向进步，在东京加入“光复会”，并被任命为机要秘书。孙中山自欧赴日，“光复会”“兴中会”联合组成同盟会，罗洁被任命为干事。1894年，罗洁归国，武昌起义时，他带领的起义军辗转鄂豫皖三省作战。1912年，罗洁被任命为革命实录馆馆长。1913年1月，罗洁于武昌病逝，时年31岁，后被世人同黄兴、陈其美等8人一起称为“辛亥八子”。罗洁故居2013年被安徽省人民政府列为安徽省重点文物保护单位，政府于2019年投资100多万元进行修复加固，现在被列为红色基因传承基地。新一代的青年人通过参观罗洁故居，了解革命先驱为了伟大革命事业所做的贡献，让他们清楚认识到现在生活的来之不易。

故居是一组大型的皖西古民居建筑群，为砖木结构，外观用青砖黛瓦，气势宏伟。故居始建于清代（具体年代不详），坐北朝南略偏东，前后5进，两厢房加辅房，平面中轴对称，布局合理，功能齐全，前院、门厅、堂屋、厢房、磨坊、臼米坊、腌菜房、厨房等应有尽有。建筑面阔约33米，进深约55米，总建筑面积约1400平方米（不包含阁楼）。旧址目前已经过完整的修缮，状况良好。

11.3.2 现状照片

11.4 立夏节起义包畈暴动旧址

11.4.1 历史背景

旧址位于吴家店镇包畈村，原为张氏祠。旧址地理位置得天独厚，上有东高山、太公山依托，下有剥驴寨、鹭鸶寨把守，中有青狮（垴）、白象（地）镇卫，浑然天成，鬼斧神工；大河两岸，良田千亩，四周青山环绕，有张、贺、吴、屈等姓族人在此聚居，和谐共处。湖北罗田的张氏在清朝时期迁居至此，置办田产，办学育人，子孙贤达，富甲一方，历经百年。1929年立夏节午夜，中共包畈乡支部成员晏八凤、漆耕圃、夏长言、吴庆延等人在此集合农协委员100余人，举行武装暴动，分三路捉拿10名土豪劣绅，没收他们的库粮、金银财宝，对号称“张阎王”的恶霸地主张绪清进行公开审判后，当即枪决，以平民愤。1930年8月，商南三区苏维埃政府（驻吴家店）下辖的十一乡苏维埃政府驻此；同时，建立红军三十二师医院，曾收治伤病员300余人。2017年，旧址被金寨县人民政府列为金寨县重点文物保护单位。

旧址坐北朝南，整体为砖木结构，条石铺地，室内雕梁画栋，古色古香，为徽派建筑风格。目前旧址已经过修缮，总体为“两进三重”式院落布局，中轴对称，功能齐全。中轴线建筑为公共场所，前后顺序由前堂、中堂、后堂组成，中堂为族人商议大事的地方，后堂为族人祭祀祖先和摆放祖宗牌位的地方。

11.4.2 现状照片

11.5 商城县三区苏维埃游击队活动地旧址

11.5.1 历史背景

旧址位于吴家店镇光明村，原为吴氏宗祠，革命期间曾作为游击队活动地。据当地居民介绍，以前祠堂还在使用，近年逐渐荒废。2019年旧址被金寨县人民政府列为金寨县重点文物保护单位，并进行了测绘保护工作。笔者调查时发现，因其他因素的影响，保护工作未能如期进行。

旧址目前已经损毁大半，屋架均已坍塌，仅存部分墙垣，亟须抢救性修缮。旧址为“两进三重”式院落布局，规模较大，从残存的门楼、木构、墙饰等可见其曾经的辉煌。

11.5.2 现状照片

11.6 红二十七军包家畈战斗指挥部旧址

11.6.1 历史背景

旧址原为吴家店镇光明村吴氏祠，2017年被金寨县人民政府列为金寨县重点文物保护单位。

1932年11月14日，红二十七军到达皖西北革命根据地边缘的吴家店地区。第二天，敌三十二师和四十七师尾随而来。红二十七军在吴家店以东包家畈河北岸一线展开战争，占领有利地形，顽强阻击敌人，敌人出动飞机38架次，对我军进行疯狂的轰炸和扫射。红二十七军在根据地人民支援下，与敌人激战三昼夜，英勇善战的我第一团团长张四季同志光荣牺牲。此次战斗，毙伤俘敌近1000人，红二十七军亦伤亡数百人。这次阻击战的胜利迫使敌人停止追击，随后红二十七军进入赤南根据地。

吴家店镇光明村吴氏祠就是此战的指挥部所在地。张四季团长就安葬在吴氏祠南面约500米的山坡上。旧址为“一进两重”式院落布局，面阔三间，砖木结构，硬山顶。建筑目前已得到修缮，保存情况良好。

11.6.2 现状照片

11.7 刘邓大军挺进大别山某部驻地旧址

11.7.1 历史背景

旧址原为吴家店镇高塘徐家大院，2019年被金寨县人民政府列为金寨县重点文物保护单位。徐家大院兴建于清光绪十二年（1887），为徐姓宗族公屋。大院位于金寨华润希望小镇高塘，为当地现存规模最大且保存较为完整的“三进四重”天井式民居建筑群。建筑依山面水，青砖黛瓦掩映于百年枫树间，天光云影倒映在门前水塘中，别具特色，古风犹存。近年来，大部分居民迁入新宅，大院逐渐破败。如今的徐家大院经过修缮，继续发挥着它的作用。

11.7.2 现状照片

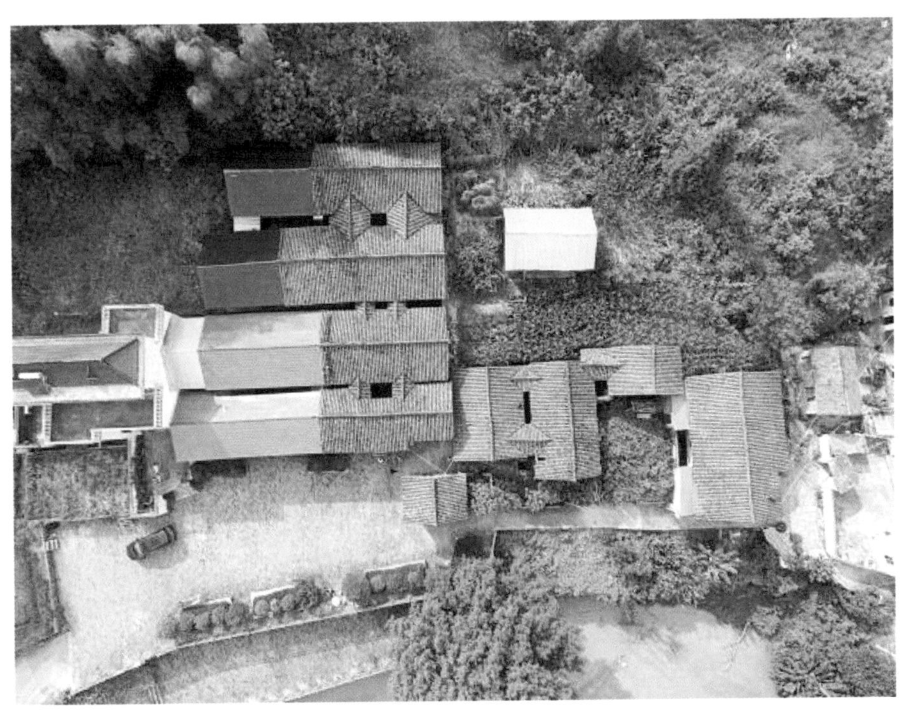

12 白塔畈镇

蒋光慈故居

历史背景

蒋光慈故居位于白塔畈镇光慈村。蒋光慈为金寨县白塔畈镇白大村人，现村更名为光慈村。蒋光慈1921年赴莫斯科学习，次年加入中国共产党，是著名的文学家、革命先驱。他著有诗集《新梦》《哀中国》和小说《少年漂泊者》《野祭》等。1931年，蒋光慈病逝于上海，1957年被安徽省民政部门追认为革命烈士。

目前蒋光慈故居的原始建筑已经损毁殆尽，后有其他居民在原房屋的基础上修建了自建房。据当地老人介绍，原故居为3间茅草屋，现有的自建房为3间砖混结构建筑。建筑右侧有一处庭院，建筑与庭院均闲置，已呈颓废之势。

现状照片

13 全军乡

中共皖西北道委、保卫局旧址

历史背景

1933年10月12日，中共皖西北道委在南溪重新组建红二十八军后，红二十八军军长徐海东率红八十四师进驻全军乡熊家河村，11月下旬，政委郭述申率八十二师到达熊家河，红二十八军军部（指挥中心）设在此处。继任道委书记并兼红二十八军政委的郭述申同志将中共皖西北道委整体迁至熊家河，驻扎在熊家河陈下楼。1934年，时任中共鄂豫皖省委常委高敬亭，接任道委书记并兼任红二十八军政委也在此办公，同时成立政治保卫局。由于年久失修，旧址现仅存两处门房、一处偏房。主体建筑面阔三间，砖木结构，硬山顶，目前保存状况良好。

现状照片

14 天堂寨镇

金东县政府旧址

历史背景

旧址位于天堂寨镇前畈村，2017年被六安市人民政府列为六安市重点文物保护单位。1947年11月，中共鄂豫一地委为适应革命形势发展的需要将金寨县一分为三，把东部地区燕子河、流波碹一带划出组建了金东县。同时成立中共金东县委员会和民主政府，白涛任县委书记兼县长，下设军事机构——金东县军事指挥部，指挥长为张绍基，政委为白涛，县政府就设在王立墩小街。旧址现存一栋建筑，左侧有一厢房，主体建筑面阔三间，砖木结构，有阁楼。目前建筑已经过修缮，保存情况良好。

现状照片

15　燕子河镇

15.1　红四方面军战略储备仓库旧址

15.1.1　历史背景

旧址位于燕子河镇闻家店村，2018年被金寨县人民政府列为金寨县重点文物保护单位。1932年，红四方面军路过闻家店时，笃近祠成为红四方面军战略储备仓库，当时留下一个班的战士负责收集粮食、布鞋、草鞋、斗笠等战略物资，然后统一调配到霍山、英山等地，用时长达半年之久。旧址为“一进两重”式院落布局，面阔三间，灰砖青瓦。建筑内外门窗已经过修缮，目前保存状况良好。

15.1.2　现状照片

15.2 霍山县六区七乡苏维埃政府旧址

15.2.1 历史背景

旧址原为燕子河镇麒麟河村黄家老屋，2017年被金寨县人民政府列为金寨县重点文物保护单位。1929年11月，西镇暴动胜利后，霍山县六区一带党组织有了较大发展。1930年4月，中共霍山县六区区委在闻家店成立，区委书记为刘仁辅，下设六区苏维埃政府、六区政治保卫局、游击大队及群众组织等。旧址为“一进两重”式院落布局，硬山顶，砖木结构，由灰色砖墙垒砌而成，屋顶用小青瓦覆面，目前保存良好。

15.2.2 现状照片

15.3 霍山县六区苏维埃政府旧址

15.3.1 历史背景

旧址原为燕子河镇闻家店村余氏天逊祠，2018年被安徽省人民政府列为安徽省重点文物保护单位。旧址呈“两进三重”式院落布局，面阔三间，砖木结构，屋顶为带有封火山墙的卷棚顶。建筑正立面修缮时重新用灰色抹灰材料抹面，两侧由于年久失修，抹灰材料已脱落。目前建筑整体保存状况良好。

15.3.2 现状照片

15.4 六安中心县委、六英霍暴动总指挥部旧址

15.4.1 历史背景

旧址原为燕子河镇闻家店村东岳庙，2004年被安徽省人民政府列为安徽省重点文物保护单位。东岳庙地处皖鄂两省金、英、霍三县接合部，占地约1000平方米，原为三重结构，损毁较严重，现仅存大房9间。

15.4.2 现状照片

15.5 五星县苏维埃政府旧址

15.5.1 历史背景

旧址位于燕子河镇，2018年被安徽省人民政府列为安徽省重点文物保护单位。旧址呈“一进两重”式院落布局，面阔三间，砖木结构，双坡顶，已经过修缮。建筑墙面使用黄色泥浆材料抹面，屋顶用小青瓦覆面，目前保存状况良好。

15.5.2 现状照片

16 油坊店乡

六安六区十三乡苏维埃政府旧址

历史背景

旧址原为油坊店乡东莲村白佛寺，地处一座山丘之上，视野开阔。建筑为“一进两重”式院落布局，正殿左右两侧各有一处偏殿；墙面以黄色抹灰材料抹面，屋顶用红色琉璃瓦覆面，当前仍作为寺庙在使用。经过修缮，旧址保存状况良好。

现状照片

白佛寺
佛
佛

参考文献

著作图书

[1] 卢世主，熊野川，王琴. 红色革命遗址保护研究：工农革命军第一军第一师师部及团部旧址保护设计实践［M］. 南京：江苏美术出版社，2017.

[2]［加］简·雅各布斯. 美国大城市的死与生［M］. 金衡山，译. 南京：译林出版社. 2022.

[3]［美］柯林·罗，弗瑞德·科特. 拼贴城市［M］. 童明，译. 北京：中国建筑工业出版社，2003.

[4] 金寨县地方志编纂委员会. 金寨县志（1988—2007）［M］. 合肥：黄山书社，2013.

[5] 张国雄. 明清时期的两湖移民［M］. 西安：陕西人民教育出版社，1995.

[6] 李晓峰，谭刚毅. 两湖民居［M］. 北京：中国建筑工业出版社，2009.

[7] 金寨红军史编辑委员会. 金寨红军史［M］. 北京：解放军出版社，2005.

期刊论文

[8] 吴铮争，帅海浪. 延安革命旧址保护的现状、问题及对策——以王家坪革命旧址为例［J］. 城市问题，2013（11）：37-41.

[9] 程霏，肖东. 革命纪念建筑物的历史文化场景保护——以甘肃省哈达铺红军长征旧址保护为例［J］. 华中建筑，2005（A1）：76-79.

［10］卢世主．基于价值认知的革命遗址保护规划设计——以工农革命军第一军第一师师团部旧址保护规划为例［J］．装饰，2019（1）：126-127.

［11］王彬．地域文化视角下城市广场设计初探——以金寨县红军文化广场设计为例［J］．中外建筑，2014（6）：116-118.

［12］谢震林，章凤．红色文化对提升城市形象的影响研究——以安徽金寨为例［J］．中外建筑，2018（12）：24-25.

［13］章明，董金华．红色旅游建筑设计浅析——以七里坪镇革命遗址配套设施建设为例［J］．建材与装饰，2017（39）：94-95.

［14］丁倩，尚涛，刘天桢．历史建筑价值评估的汇总模型［J］．华中建筑，2012，30（12）：131-133.

［15］刘维奇．文物的经济功能与经济价值研究［J］．大连理工大学学报（社会科学版），2007（3）：31-35.

［16］白红平，郭帅．民间文物流通法律规制研究——以文物经济价值为基础［J］．山西高等学校社会科学学报，2017（5）：70-75.

［17］严胜学，胡宗山．略论文化产业领域的数字化展示策略——以文化遗产展示为例［J］．北京联合大学学报（人文社会科学版），2018（3）：47-54.

［18］Anna Irimias. The Great War heritage site management in Trentino，northern Italy［J］．Journal of Heritage Tourism，2014，9（4）：317-331.

［19］Chunfeng Lin. Red Tourism： Rethinking Propaganda as a Social Space［J］．Communication Critical/Cultural Studies，2015，12（3）：328-346.

学位论文

［20］王更生．历史地段旧建筑改造再利用［D］．天津：天津大学，2003.

［21］周吉平. 革命历史建筑的保护方法研究［D］. 太原：太原理工大学，2006.

［22］王丽娟. 淮海战役总前委旧址的保护与利用研究［D］. 北京：北京建筑工程学院，2012.

［23］王峥. 延安杨家岭革命旧址保护规划研究［D］. 西安：长安大学，2007.

［24］辛同升. 鲁中地区近代历史建筑修复与再利用研究［D］. 天津：天津大学，2008.

［25］吴杰. 武汉大学近代历史建筑营造及修复技术研究［D］. 武汉：武汉理工大学，2012.

［26］谢天夫. 白城岭下镇侵华日军遗址保护策略研究［D］. 长春：吉林建筑大学，2016.

［27］况源. 涉县革命旧址建筑调查与修缮保护研究［D］. 邯郸：河北工程大学，2018.

［28］魏东. 武安革命旧址建筑调查与修缮保护策略研究［D］. 邯郸：河北工程大学，2019.

［29］游璐. 中国近现代战争历史纪念地保护初探［D］. 重庆：重庆大学，2014.

［30］贺文敏. 延安三十到四十年代红色根据地建筑研究［D］. 西安：西安建筑科技大学，2006.

［31］谭立地. 红安七里坪革命旧址展示与利用研究［D］. 武汉：华中科技大学，2019.

［32］吕刘成. 金寨县革命文物保护和利用研究［D］. 合肥：安徽大学，2017.

［33］贾帅帅. 触媒视角下的红色小镇更新策略研究——以金寨县汤家汇镇为例［D］. 合肥：安徽建筑大学，2020.

［34］陈建平. 赣南红色文化资源保护与开发研究［D］. 赣州：赣南师范学院，2009.

［35］赵丹. 红色旅游景区纪念性景观系统开发设计研究：以通州县红军烈士陵园为例［D］. 成都：成都理工大学，2011.

［36］吴欣燕. 历史文化街区的形态价值评估体系研究：以广佛肇核心街区为例［D］. 广州：华南理工大学，2014.

后　记

2018年至2021年，洪涛带领张飞等团队成员开展了金寨县革命传统建筑的调研工作。由于多数革命传统建筑分布在大别山深处，想要彻底摸清它们的现存状况，难度很大。经过充分的资料准备、位置摸排、实施调研路线划分等一系列前期工作，后历经数十次下乡调研，足迹遍布金寨县数十个乡村，团队成员深入考察了九十多个重要革命传统建筑，详细记录了建筑的历史、人文、保存状况等重要信息，并对其进行了系统的统计调查与分类。在此基础上，团队成员用了一年多的时间整理形成了《金寨县重要革命传统建筑》一书，对于皖西地区的革命传统建筑的记录与保护工作起到了一定的作用。

此书的完成得益于团队全体人员的共同努力。全书共计27.3万字，其中洪涛完成13万字，张飞完成6.5万字，安徽建筑大学孙升讲师完成6.1万字，合肥工业大学谢震林副教授、安徽建筑大学周庆华教授、天津城建大学张晟副教授、华东建筑设计研究院有限公司安徽分公司创作中心主任王文韬、主创建筑师王俊共同完成1.7万字，安徽建筑大学硕士研究生刘益翔、郑胡杰、李星星、李露露、赵和生、王兵、黄灿灿、李浩猛、梁宁丽、郑蓉蓉、李梦岚等人参与了调研工作和文字的校对工作；金寨县城乡规划服务中心胡莎莎、宋佳佳、张裕祎等人对于此书的调研工作给予了大力协助。

金寨县革命传统建筑是鄂豫皖地区革命活动的重要实物见证，是金寨儿女进行大无畏革命斗争的真实写照。《金寨县重要革命传统建筑》一书的顺利完成，是对那段难忘而艰辛的革命历程的缅怀。笔者希望此书能时刻提醒读者在感受金寨县革命传统建筑魅力的同时不忘历史，牢记当下的使命与责任，为中华民族的伟大复兴贡献自己的力量！

图书在版编目（CIP）数据

金寨县重要革命传统建筑/洪涛，张飞著. —合肥：合肥工业大学出版社，2022.10
ISBN 978-7-5650-6064-9

Ⅰ.①金… Ⅱ.①洪…②张… Ⅲ.①革命纪念地—纪念建筑—金寨县—图集 Ⅳ.①TU251-64

中国版本图书馆CIP数据核字（2022）第190994号

金寨县重要革命传统建筑

洪　涛　张　飞　著　　　责任编辑　王钱超

出　版	合肥工业大学出版社	版　次	2022年10月第1版
地　址	合肥市屯溪路193号	印　次	2022年10月第1次印刷
邮　编	230009	开　本	710毫米×1010毫米　1/16
电　话	人文社科出版中心：0551-62903205	印　张	17.75
	营销与储运管理中心：0551-62903198	字　数	273千字
网　址	press.hfut.edu.cn	印　刷	安徽联众印刷有限公司
E-mail	hfutpress@163.com	发　行	全国新华书店

ISBN 978-7-5650-6064-9　　　定价：88.00元